《常见矿物元素饲料添加剂生产工艺与质量控制技术》

编 委 会 名 单

主　　编：杨振海

副 主 编：刘连贵　沙玉圣

参编人员（按姓名笔画排序）：

王凯强　石　波　吕　林　乔　宇

刘海良　李大鹏　张庆媛　张丽阳

张建云　张晓宇　罗绪刚　单丽燕

胡广东　彭　晴　粟胜兰　廖秀冬

审稿人员：常碧影　张明森　李祥明

U0260962

　　2013年底，为贯彻落实《国务院关于取消和下放一批行政审批项目的决定》（国发［2013］44号），农业部将"设立饲料添加剂、添加剂预混合饲料生产企业审批"项目下放至省级人民政府饲料管理部门。为做好饲料和饲料添加剂生产许可技术支持工作，帮助指导省级饲料管理部门做好饲料添加剂生产许可技术评审工作，确保饲料行政许可下放后的有效衔接，我们遴选了硫酸铜、碱式氯化铜、硫酸锌、氧化锌、亚硒酸钠、乳酸钙、吡啶甲酸铬、蛋氨酸锌络（螯）合物、蛋氨酸锰络（螯）合物、蛋氨酸铜络（螯）合物、蛋氨酸铁络（螯）合物、甘氨酸铁络合物12种常见矿物元素饲料添加剂，对其生产工艺与质量控制技术进行研究，组织编写了《常见矿物元素饲料添加剂生产工艺与质量控制技术》一书，供饲料管理相关工作人员参考。

本书共12部分，介绍了上述12种饲料添加剂生产工艺与质量控制技术。每部分包括产品概述、物化特性、生产工艺、质量检验和控制、原料及产品仓储要求、产品应用及发展趋势等主要内容。

由于本书由多位作者执笔，取材详简及撰写风格有所不同，加之编写时间较短，虽然在统稿时做了一定的调整，但内容上仍可能存在不妥之处，恳请同行专家和广大读者指正。

编委会

2017年1月

CNOTENTS 目 录

前言

一、硫酸铜 ··· 1

二、碱式氯化铜 ··· 19

三、硫酸锌 ·· 33

四、氧化锌 ·· 47

五、亚硒酸钠 ··· 63

六、乳酸钙 ·· 76

七、吡啶甲酸铬 ··· 89

八、蛋氨酸锌络（螯）合物 ································· 102

九、蛋氨酸锰络（螯）合物 ································· 113

十、蛋氨酸铜络（螯）合物 ································· 123

十一、蛋氨酸铁络（螯）合物 ┈┈┈┈┈┈135

十二、甘氨酸铁络合物 ┈┈┈┈┈┈┈┈┈147

主要参考文献 ┈┈┈┈┈┈┈┈┈┈┈┈┈┈┈┈┈161

一、硫　酸　铜

硫 酸 铜

（一）概述

1. **国内生产现状** 铜是动物生产过程中不可缺少的一种重要营养元素。硫酸铜是养殖动物饲料所需要的重要微量元素类添加剂。2015年，我国饲料添加剂硫酸铜的总产量约为2.8万吨。至2016年，全国获得饲料添加剂硫酸铜生产许可证书的生产企业共计有25家，主要分布在吉林、黑龙江、河北、山东、江苏、湖南、江西、福建、广东、广西、四川、云南计12个省（自治区）（图1-1）。其中，湖南有6家，广东有5家，分别占总数的24%和20%，为国内生产饲料添加剂硫酸铜的主要省份。

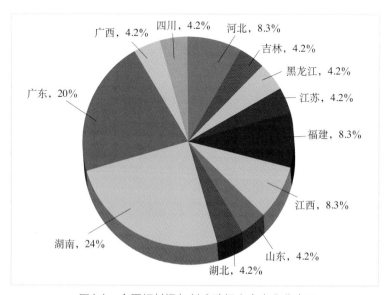

图1-1 全国饲料添加剂硫酸铜生产企业分布图

国内饲料添加剂硫酸铜的生产主要采用IT行业产生的废弃蚀刻液为原料，经过酸、碱性蚀刻液中和、精制除杂、结晶、干燥获得饲料级硫酸铜的工艺技术。不同的含铜蚀刻液原料会有不同的工艺调整，但是主体工艺路线没有太大的变化。另外，一些企业会采用经废弃蚀刻液生产的工业级硫酸铜为原料，通过气流干燥的方式，将其加工成饲料级硫酸铜。

2. 产品功效　农业部批准使用的饲料级硫酸铜有两种形态，分别是一水硫酸铜（$CuSO_4 \cdot H_2O$）和五水硫酸铜（$CuSO_4 \cdot 5H_2O$），主要为养殖动物提供所需铜元素。硫酸铜对于促进养殖动物生长发育、提高其生产性能有着十分重要的意义，主要表现为：

（1）铜离子作为重要的造血元素之一，参与维持铁的正常代谢，催化铁参与血红蛋白的合成，促进生长早期红细胞的成熟，促进骨髓生成红细胞，与红细胞和血红蛋白的形成密切相关。动物体内长时间缺铜会导致铁吸收受阻而发生贫血，如猪和羔羊为低色素小红细胞性贫血、鸡为正常红细胞性贫血、奶牛和母羊为低色素和大红细胞性贫血。

（2）铜离子是畜禽机体内多种金属酶的组成成分，可直接参与体内能量和物质代谢，与组织中的过氧化氢酶、细胞色素C和细胞色素氧化酶含量有关，还具有催化铁的络合作用和促进蛋氨酸吸收作用。适当的铜离子浓度能够激活胃蛋白酶，提高畜禽的消化机能。

（3）铜离子参与动物的成骨过程。缺铜会引起骨质中的胶原纤维合成受阻，骨骼发育受影响，骨质疏松，长骨易碎。

（4）铜离子还与动物体内线粒体的胶原代谢和黑色素生成、血管的正常发育和正常功能、被毛生长和品质、中枢神经系统、繁殖机能有着密切联系。

（二）产品定义及物化特性

1. 定义　饲料添加剂硫酸铜是指由硫酸和含铜源的物质，在一定的温度、pH和反应时间条件下，通过化学反应而生成的或将硫酸铜初制品直接干燥方法加工而成的、符合《饲料添加剂品种目录》和饲料添加剂相关标准要求的化合物，包括一水硫酸铜和五水硫酸铜。

2. **物化特性**　一水硫酸铜为白色粉末状固体，英文名 Copper Sulfate Monohydrate，分子式为 $CuSO_4 \cdot H_2O$，相对分子质量为178，在温度高于258℃时可生成白色无水硫酸铜，在897～934℃时分解。可溶于冷水，易溶于热水，其吸水后生成五水硫酸铜。相比五水硫酸铜，一水硫酸铜有水分含量低、不易结块、流动性较好、粒度较小、易于消化吸收以及不含游离酸且对饲料中其他成分影响性小等优点。

五水硫酸铜为蓝色块状或粉末状晶体，也被称作硫酸铜晶体，俗称蓝矾、胆矾或铜矾，常称为"五水合硫酸铜"，以与"无水硫酸铜"区别，英文名 Copper Sulfate Pentahydrate，分子式为 $CuSO_4 \cdot 5H_2O$，相对分子质量为250，熔点为110℃，沸点为330℃，极易溶于水。五水硫酸铜在常温常压下很稳定，不潮解，在干燥空气中会逐渐风化。加热至45℃时失去2分子结晶水，110℃时失去4分子结晶水生成一水硫酸铜，200℃时失去全部结晶水而成无水硫酸铜；也可在浓硫酸的作用下失去5个结晶水。五水硫酸铜因含有5个结晶水，在使用过程中会因水分含量高而造成流动性不好、易结块以及游离酸偏高腐蚀设备和影响饲料中维生素稳定等问题。

（三）生产工艺

目前，饲料添加剂硫酸铜生产主要包括两种方法，即化学反应法和物理直接干燥法。

1. 化学反应法

（1）生产原理。

①以酸性或碱性蚀刻废液为原料，在一定的条件下反应生成碱式氯化铜。

$$2[Cu(NH_3)_4]^{2+} + Cl^- + 3H_2O + 5H^+ = Cu_2(OH)_3Cl\downarrow + 8NH_4^+$$

$$2CuCl_4^{2-} + 3NH_3 \cdot H_2O = Cu_2(OH)_3Cl\downarrow + 3NH_4^+ + 7Cl^-$$

②碱式氯化铜与浓硫酸进行反应，合成硫酸铜。

$$Cu_2(OH)_3Cl + 2H_2SO_4 + 7H_2O = 2CuSO_4 \cdot 5H_2O + HCl$$

（2）生产工艺流程。化学反应法生产饲料添加剂硫酸铜的主要工艺流程包括原料净化、计量、中和反应、分离纯化、结晶、物相分离、干燥、粉碎和（或）筛分、包装等主要工序。图1-2为化学反应法生产饲料添加剂硫酸铜的工艺流程示意图。

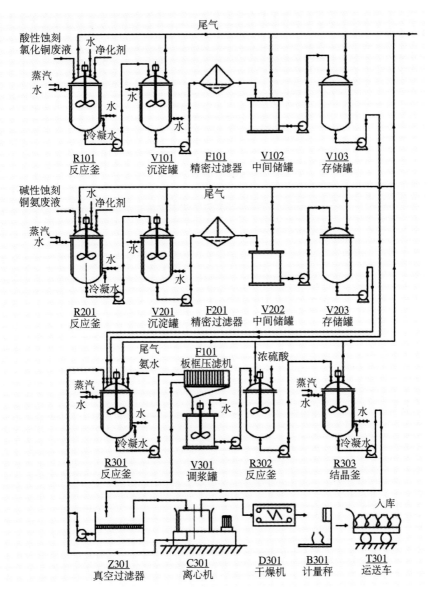

图1-2 化学反应法生产饲料添加剂硫酸铜的工艺流程示意图

一、硫酸铜

如图1-2所示，第一，原料即酸性以及碱性蚀刻废液分别进行净化处理，以除去砷、铅等杂质；第二，将经过净化的原料按需要计量后，在一定条件下进行中和反应生成碱式氯化铜；第三，在反应结束后将生成物泵入板框压滤机中过滤分离，滤饼洗涤已去除附着的氯化铵；第四，将碱式氯化铜用水调配成浆液，泵入酸化反应釜中与浓硫酸进行酸化反应，合成硫酸铜；第五，反应结束后进行冷却结晶、过滤并离心分离、干燥、粉碎和（或）筛分；第六，产品抽样检验合格后称重打包，运送至成品库中储存。

（3）生产过程主要关键控制点。依据企业采用的化学反应法制备饲料添加剂硫酸铜的生产工艺流程，其生产过程主要关键控制点的控制要素：原料预处理工段为砷、铅等杂质的含量；计量工段为原料投料比及精度；反应工段为反应温度、pH、反应时间；分离纯化工段为压力；结晶工段为pH、结晶温度和时间；物相分离工段为物相分离方式；干燥工段为干燥方式、干燥温度；粉碎和（或）筛分工段为粒度；包装工段为产品净含量。

（4）化学反应法所需主要生产设备。按照生产工段的不同，化学反应法制备饲料添加剂硫酸铜所需主要生产设备分为分离纯化设备、计量器、中和反应釜、反应结晶釜、物相分离设备、干燥设备、粉碎和（或）筛分设备、计量和包装设备、反应生成废液或废渣处理回收装置、脉冲式除尘设备或更好的除尘设施。其中，干燥设备应能控制温度和具备隔离火源的功能。表1-1为化学反应法生产饲料添加剂硫酸铜所需主要具体设备实例。图1-3为实际生产中应用化学反应法生产饲料添加剂硫酸铜的关键设备。

表1-1 化学反应法生产饲料添加剂硫酸铜所需主要具体设备实例

生产工段	设备名称	常见类型	主要技术指标	控制参数	作 用
原料预处理工段	酸性蚀刻废液净化 板框压滤机	聚丙烯	工作压力0.3～0.5兆帕	压力，滤布种类和目数	去除固态杂质
	搪瓷反应罐	外夹套	工作压力0.2～0.4兆帕	搅拌速率，工作温度和压力	转化一价铜离子，脱除杂质

（续）

生产工段		设备名称	常见类型	主要技术指标	控制参数	作用
原料预处理工段	酸性蚀刻废液净化	沉淀罐	聚丙烯	常压，耐酸碱	搅拌速率，工作温度	脱除杂质
		精密过滤器	管状滤芯	工作压力0.1~0.6兆帕	滤芯孔径，工作温度和压力	脱除杂质
	碱性蚀刻废液净化	板框压滤机	聚丙烯	工作压力0.3~0.5兆帕	压力，滤布种类和目数	去除固态杂质
		搪瓷反应罐	外夹套	工作压力0.2~0.4兆帕	搅拌速率，工作温度和压力	转化一价铜离子，脱除杂质
		沉淀罐	聚丙烯	常压，耐酸碱	搅拌速率，工作温度	脱除杂质
		精密过滤器	管状滤芯	工作压力0.1~0.6兆帕	滤芯孔径，工作温度和压力	脱除杂质
计量工段		原料储罐	聚丙烯	常压，耐酸碱	压力、温度、体积、耐腐蚀性	净化原料储存
		计量泵	塑料合金	流量，耐酸碱	扬程、流量	净化原料运送
反应工段		中和反应釜	外夹套	工作压力0.2~0.4兆帕	搅拌速率，工作温度和压力	制备中间反应液
		酸化反应釜	外夹套	工作压力0.2~0.4兆帕	搅拌速率，工作温度和压力	硫酸铜制备
分离纯化工段		板框压滤机	聚丙烯	工作压力0.3~0.5兆帕	压力，滤布种类和目数	产物生产液的固液分离
结晶工段		结晶器	外夹套	工作压力0.2~0.4兆帕	搅拌速率，工作温度	制备结晶
		三足离心机	不锈钢	转速≤3500转/分，转鼓直径≤2000毫米，转鼓容量≤1800升	转速，容量	晶体和母液分离
干燥工段		旋流干燥机		热效率70%，配有脉冲式除尘装置	热风进出口温度，流速，布袋除尘效率	产品干燥
包装工段		打包机	计量包装			产品计量包装
后处理净化工段		反应生成废液或废渣处理回收装置				废弃物处理与回收
		反应生成废气处理回收装置				废弃物处理与回收

图1-3　化学反应法生产饲料添加剂硫酸铜的关键设备

2.物理直接干燥法

（1）生产工艺流程。物理直接干燥法生产饲料添加剂硫酸铜的主要工艺流程包括硫酸铜备料、干燥、粉碎和（或）筛分、调配混合、包装等主要工序。图1-4为物理直接干燥法生产沙状饲料添加剂硫酸铜的工艺流程示意图。

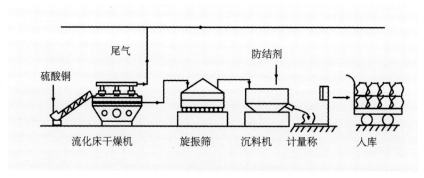

图1-4　物理直接干燥法生产沙状饲料添加剂硫酸铜工艺流程示意图

　　如图1-4所示，首先将硫酸铜投入到原料投料斗中并运送至流化床干燥机中干燥，再进入旋振筛进行分级，然后转入沉料机中，按照产品规格添加所需的防结剂，混合均匀后，进行产品抽样检验，合格后放料称重打包，运送至成品库房存放。

图1-5为物理直接干燥法生产粉状饲料添加剂硫酸铜的工艺流程示意图。

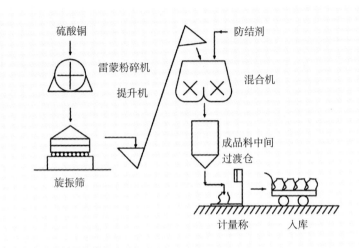

图1-5 物理直接干燥法生产粉状饲料添加剂硫酸铜的工艺流程示意图

如图1-5所示，原料首先被投入至原料投料斗中，匀速放入雷蒙粉碎机粉碎。然后，经旋振筛至过料斗，再经斗式提升机提升至混合机中，按照产品规格添加所需的防结剂。混合均匀后，进行产品抽样检验，合格后放料称重打包，运送至成品库房存放。

（2）生产过程主要关键控制点。物理直接干燥法制备饲料添加剂硫酸铜的生产过程主要关键控制点的控制要素：原料备料工段为原料质量控制，确保原料的杂质含量符合要求；计量工段为原料投料比及精度；干燥工段为干燥方式、干燥温度；粉碎和（或）筛分工段为粒度；混合调制工段为硫酸铜与防结剂的比例；包装工段为产品净含量。

（3）物理直接干燥法所需主要生产设备。物理直接干燥法制备饲料添加剂硫酸铜所需主要生产设备包括：计量设备、干燥设备、粉碎和（或）筛分设备、混合设备、包装设备、脉冲式除尘设备或更好的除尘设施。其中，干燥设备应能控制温度和具备隔离火源的功能。表1-2为物理直接干燥法生产饲料添加剂所需主要具体设备实例。

表1-2　物理直接干燥法生产饲料添加剂所需主要具体设备实例

生产工段	设备名称	常见类型	主要技术指标	控制参数	作　用
原料备料工段	上料机	皮带式	功率1.5千瓦	上料速率，上料量	原料运送
	投料斗	不锈钢	投料量大于2吨	投料量	原料运送
干燥工段	干燥机	振动流化床	流化床面积2.7平方米，进风温度70～140℃，出风温度40～70℃，蒸发水分能力70～90千克/小时，功率2.2千瓦	进风温度、出风温度、干燥速率	原料干燥脱水
	热风炉	直热燃油	产热16万～26万千卡*/小时	产热风体积，功率	为干燥机提供热风
粉碎和（或）筛分工段	粉碎机	雷蒙	最大进料粒度20毫米，成品粒度0.045～0.8毫米，处理能力0.9～2.8吨/小时，主机功率22千瓦	进料粒度、成品粒度、处理能力	物料粉碎
	旋振筛		功率1.5千瓦，处理量2 000千克/小时	处理量，筛网目数	物料分级
	圆筛		功率15千瓦，处理量2 000千克/小时，粒度为20～80目	处理量，筛网目数	物料分级
混合调制工段	混合机	双轴	不锈钢；有效容积0.5立方米，混合均匀度≤5%，功率7.5千瓦	加料量，混合时间	产品调制
	混合机	双轴卧式	不锈钢，有效容积1 000升，混合均匀度≤5%，功率11千瓦	加料量，混合时间	产品调制
	提升机	斗式	功率1.5千瓦，最大提升高度6米	运送速率，数量	物料运送
包装工段	打包机	计量包装			产品包装
除尘工段	除尘器	旋风收集	功率2.5千瓦		粉尘回收

（四）原料与产品质量检验和控制

1. 饲料添加剂硫酸铜生产所需原料品质的评价　化学反应法生产饲料级硫酸铜的原料主要来自于IT产业的废弃物，即碱性废蚀刻液和酸性废蚀刻液。生产企业应按照《饲料质量安全管理规范》的要求制定质量管理制

---

　*　卡为非法定计量单位。1卡＝4.184 0焦。

度，检测原料中主成分、杂质，尤其是砷、铅等重金属，签有规范的原料采购合同，建立完善的原料采购和检验记录。在检验指标的基础上调整硫酸铜生产工艺和条件、参数，确保产品质量。

对于物理直接干燥法制备饲料添加剂硫酸铜的原料同样需要检测原料中主成分、杂质，尤其是砷、铅等重金属，以便调整生产工艺细节。

2. 饲料添加剂硫酸铜产品质量标准 目前，饲料添加剂硫酸铜产品，只有针对五水硫酸铜的产品质量标准——化工行业标准《饲料级 硫酸铜》（HG 2932—1999）。尽管农业部1224号公告对一水硫酸铜的含量做出了明确规定，其含量以 $CuSO_4 \cdot H_2O$ 计 ≥ 98.5%，以 Cu 计 ≥ 35.7%，但新的国家标准或行业标准尚未出台。企业应根据自己的产品，制定有关（或包括）一水硫酸铜的企业标准。

五水硫酸铜产品目前执行的是中华人民共和国化工行业标准《饲料级 硫酸铜》（HG 2932—1999）。

（1）要求。

①外观。浅蓝色结晶颗粒。

②理化指标。应符合表1-3要求。

表1-3 理化指标

项 目	指 标（%）
硫酸铜（$CuSO_4 \cdot 5H_2O$）	≥98.5
硫酸铜（以Cu计）	≥25.06
水不溶物	≤0.2
砷（As）	≤0.0004
铅（Pb）	≤0.001
细度（通过800μm试验筛）	≥95

注：未经预处理的产品细度可不作要求。

（2）试验方法。

①鉴别试验。

a）铜离子的鉴别。称取约0.5克试样，加20毫升水溶解。取10毫升此溶液，加0.5毫升新配制的100克/升亚铁氰化钾溶液，振摇，生成红棕色沉淀，此沉淀不溶于稀酸。

b）硫酸根离子的鉴别。取上述5毫升试验溶液，置于白色瓷板上，加50克/升氯化钡溶液，有白色沉淀生成，且不溶于盐酸和硝酸。

②硫酸铜含量测定。

a）方法提要。试样用水溶解，在微酸性条件下，加入适量的碘化钾与二价铜作用，析出等当量碘，以淀粉为指示剂，用硫代硫酸钠标准滴定溶液滴定析出的碘。以消耗硫代硫酸钠标准滴定溶液的体积，计算试样中硫酸铜含量。

b）分析步骤。称取约1克试样（精确至0.0001克），置于250毫升碘量瓶中，加100毫升水溶解，再加4毫升冰乙酸、2克碘化钾，摇匀后，于暗处放置10分钟。用约0.1摩尔/升硫代硫酸钠标准滴定溶液滴定，直至溶液呈现淡黄色，加3毫升淀粉指示液，继续滴定至蓝色消失，即为终点。

c）分析结果的计算和表述。以质量分数表示的硫酸铜（$CuSO_4 \cdot 5H_2O$）含量（w_1）按公式（1-1）计算：

$$w_1 = \frac{c \times V \times 0.2497}{m} \times 100 \quad (1\text{-}1)$$

以质量分数表示的硫酸铜（以Cu计）含量（w_2）按公式（1-2）计算：

$$w_2 = \frac{c \times V \times 0.06355}{m} \times 100 \quad (1\text{-}2)$$

式中，c为硫代硫酸钠标准滴定溶液实际浓度（摩尔/升）；V为滴定时消耗硫代硫酸钠标准滴定溶液体积（毫升）；m为试料质量（克）；0.2497为与1.00毫升硫代硫酸钠标准滴定溶液[$c(Na_2S_2O_3)$=1.000摩尔/升]相当的、以克表示的五水硫酸铜质量；0.06355为与1.00毫升硫代硫酸钠标准滴定溶液[$c(Na_2S_2O_3)$=1.000摩尔/升]相当的、以克表示的铜质量。

平行测定结果的绝对差值不大于0.2%。

③水不溶物含量测定。

a) 方法提要。将试样溶于水后，经过滤、洗涤、干燥、称量。

b) 分析步骤。称取约10克试样（精确至0.0001克），置于400毫升烧杯中，加200毫升水至试样溶解。用预先在105～110℃下烘干至质量恒定的玻璃砂坩埚抽滤，用热水洗涤滤渣至洗液无色，并以氨水检查无铜离子反应时为止。将玻璃砂坩埚置于烘箱内在105～110℃下烘干至质量恒定，取出置于干燥器中冷却后称量。

c) 分析结果的计算和表述。以质量分数表示的水不溶物含量（w_3）按公式（1-3）计算：

$$w_3 = \frac{m_1}{m} \times 100 \tag{1-3}$$

式中，m_1为干燥后残渣质量（克）。

平行测定结果的绝对差值不大于0.05%。

④砷含量测定。

a) 方法提要。在酸性溶液中，以碘化钾、氯化亚锡将高价砷还原为三价砷，三价砷与新生态氢作用生成砷化氢气体，在溴化汞试纸上形成棕黄色砷斑，与标准砷斑进行比较。

b) 分析步骤。称取（0.25±0.01）克试样（精确至0.0001克），置于100毫升烧杯中，加5毫升水溶解，再加2毫升乙酸、1.5克碘化钾，盖上表面皿，放置5分钟后，加0.2克L-抗坏血酸使之溶解，作为检测液。将检测液置于定砷器的广口瓶中，用水稀释至40毫升，加6毫升盐酸，摇匀。加1克碘化钾，滴加氯化亚锡溶液至溶液无色，摇匀，放置10分钟。加2.5克无砷锌粒，立即塞上预先装有乙酸铅棉花及溴化汞试纸的测砷管。置于暗处在25～30℃放置1～1.5小时，溴化汞试纸所呈棕黄色不得深于标准比色溶液。

标准比色溶液是用移液管移取1.00毫升砷标准溶液（0.001毫克/毫

升），用水稀释至40毫升，加6毫升盐酸，与试液同时同样处理。

⑤铅含量测定 [原子吸收分光光度法（仲裁法）]。

a）方法提要。在稀硝酸介质中，于原子吸收分光光度计波长283.3纳米处，使用空气-乙炔火焰，采用标准加入法测定。

b）分析步骤。称取约10克试样（精确至0.01克），加入50毫升水和5毫升硝酸溶液，使试样溶解，移入250毫升容量瓶中，用水稀释至刻度，摇匀。用移液管分别移取25毫升试验溶液于4个100毫升容量瓶中，再用移液管分别加入0毫升、1.00毫升、2.00毫升、3.00毫升铅标准溶液，用水稀释至刻度，摇匀。将仪器调整至最佳条件，用水调零，测量吸光度。以铅质量为横坐标、对应的吸光度为纵坐标绘制工作曲线，将曲线反向延长与横轴相交处，即为试验溶液中的铅含量。

c）分析结果的计算和表述。以质量分数表示的铅（Pb）含量（w_4）按公式（1-4）计算：

$$w_4 = \frac{m_2}{m \times 1\,000} \times 100 \tag{1-4}$$

式中，m_2为从工作曲线上查出的试验溶液中铅质量（毫克）。

平行测定结果的绝对差值不大于0.000 3%。

⑥细度测定。

a）方法提要。用筛分法测定筛下物含量。

b）分析步骤。称取约50克试样（精确至0.01克）置于试验筛（符合GB/T 6003.1—2012 R40/3系列要求，ϕ200毫米×500毫米/800微米）中进行筛分，将筛下物称量（精确至0.1克）。

c）分析结果的计算和表述。以质量分数表示的细度（w_5）按公式（1-5）计算：

$$w_5 = \frac{m_3}{m} \times 100 \tag{1-5}$$

式中，m_3 为筛下物质量（克）。

平行测定结果的绝对差值不大于0.1%。

（3）检验规则。

①本标准规定的所有项目为出厂检验项目。

②每批产品不超过5吨。

③按照GB/T 6678—1986中6.6的规定确定采样单元数。采样时，将采样器自包装袋的上方斜插至料层深度的3/4处采样。将采得的样品充分混匀后，按四分法缩分至约500克，立即分装于两个清洁干燥的具塞广口瓶中，密封。瓶上粘贴标签，注明生产厂名、产品名称、批号、采样日期和采样者姓名。一瓶用于检验，另一瓶保存3个月备查。

④饲料级硫酸铜应由生产厂的质量监督检验部门按本标准的规定进行检验，生产厂应保证所有出厂的饲料级硫酸铜都符合本标准的要求。每批出厂的饲料级硫酸铜都应附有质量证明书，内容同GB 10648的规定。

⑤检验结果如有一项指标不符合本标准要求时，应自两倍量的包装中采样重新进行复验。复验结果即使只有一项指标不符合要求时，则整批产品为不合格。

（4）标识、包装、运输、储存。

①标识。饲料级硫酸铜包装袋上应有牢固清晰的标识，内容同《饲料标签》(GB 10648—2013)的规定。

②包装。饲料级硫酸铜采用双层包装。内包装采用双层食品级聚乙烯塑料薄膜袋，厚度不小于0.06毫米。外包装采用聚丙烯塑料编织袋，该产品每袋净含量为25千克，或按用户要求包装；饲料级硫酸铜的包装，内袋用维尼龙绳或与其质量相当的绳人工扎口，或用与其相当的其他方式封口；外袋在距袋边不小于30毫米处折边，在距袋边不小于15毫米处用维尼龙线或其他质量相当的线缝口，缝线整齐，针距均匀，无漏缝和跳线现象。

③运输。饲料级硫酸铜在运输过程中应有遮盖物，防止雨淋、受潮，不得与有毒有害物品混运。

④储存。饲料级硫酸铜应储存在阴凉、干燥处，防止雨淋、受潮。不得与有毒有害物品混储。

3. 检验化验室条件要求　饲料级硫酸铜生产企业应在厂区内建有独立的与生产车间和仓储区域分离的检验化验室，装备有齐全的、能够满足与产品质量控制相关的检验化验仪器。检验化验室应当符合以下条件：

（1）配备原子吸收光谱仪、1/10 000分析天平、恒温干燥箱、高温炉、样品粉碎机、标准筛以及常规玻璃仪器等检验仪器设备，具备铜含量、除铜外的各种重金属、粒度、水不溶物等项目的检测能力。

（2）检验化验室应当包括天平室、前处理室、仪器室和留样观察室等功能室，使用面积应当满足仪器、设备、设施布局和检验化验工作需要：

①天平室有满足分析天平放置要求的天平台。

②前处理室有能够满足样品前处理和检验要求的通风柜、实验台、器皿柜、试剂柜以及空调等设备设施。

③留样观察室有满足原料和产品储存要求的样品柜。

4. 质量控制与检验化验人员　饲料添加剂硫酸铜产品的品控负责人应当具备化学化工、化学分析等相关专业大专以上学历或中级以上技术职称，熟悉饲料法规、原料与产品质量控制、原料与产品检验、产品质量管理等专业知识，并通过现场考核。

同时，生产企业须配备2名以上专职饲料检验化验员。饲料检验化验员应当取得农业部职业技能鉴定机构颁发的饲料检验化验员职业资格证书或与生产产品相关的省级以上医药、化工、食品行业管理部门核发的检验类职业资格证书，并通过现场操作技能考核。

（五）原料及产品仓储要求

1. 饲料添加剂硫酸铜生产所需原料仓储要求　采用化学反应法生产所

需仓储设施应当满足原料（硫酸、酸性蚀刻液废液、碱性蚀刻液废液等铜源）、辅料（氢氧化钠等）、硫酸铜成品、包装材料、备品备件储存要求。采用物理直接干燥法生产所需仓储设施应当满足原料硫酸铜、成品硫酸铜、包装材料、备品备件储存要求。另外，仓储设施还应具有防潮、防鼠等功能。同时，按照危险化学品、易燃易爆品管理的原料的储存需符合相关行业管理规定。

2. 饲料添加剂硫酸铜产品仓储要求　饲料级硫酸铜应储存于通风、干燥且具有防潮等功能的指定成品库中。

（六）产品应用及发展趋势

作为饲料中主要的铜元素来源，硫酸铜已被广泛应用于各种养殖动物生产。然而，饲料中的铜含量过高会造成养殖动物中毒，使得动物生产性能下降。同时，多余的铜离子会随着动物粪便排泄到体外，对生态环境和食物链构成危害。因而，配合饲料中的硫酸铜既有基本的推荐剂量，又有最高限量（表1-4）。

表1-4　农业部1224号公告中对于硫酸铜的安全使用规范

化合物通用名称	化合物英文名称	分子式或描述	来源	含量规格（%）		适用动物	在配合饲料或全混合日粮中的推荐添加量（以元素计）（毫克／千克）	在配合饲料或全混合日粮中的最高限量（以元素计）（毫克／千克）
				以化合物计	以元素计			
硫酸铜	Copper Sulfate	$CuSO_4 \cdot H_2O$	化学制备	≥98.5	≥35.7	养殖动物	猪3～6 家禽0.4～10.0 牛10 羊7～10 鱼类3～6	仔猪（≤30千克）200 生长肥育猪（30～60千克）150 生长肥育猪（≥60千克）35 种猪35 家禽35 牛精料补充料35 羊精料补充料25 鱼类25
		$CuSO_4 \cdot 5H_2O$		≥98.5	≥25.0			

　　如何使用好饲料添加剂硫酸铜是一个重要的科学问题。既要充分发挥硫酸铜在动物养殖领域的生物学功效，又要减少养殖过程中铜离子对环境的污染，以及对人类食物链构成的潜在危害，将是硫酸铜作为饲料添加剂的未来发展趋势。随着科技的发展，饲料添加剂硫酸铜逐步会被既有高生物学利用率又对环境友好的优质铜源产品[其他无机酸铜盐、有机酸铜盐、氨基酸络合（螯合）铜]所替代。试验和应用结果已表明，饲料添加剂碱式氯化铜既能提高养殖动物的生产性能，又能减少铜排放，减少资源浪费和环境污染，有望成为饲料添加剂硫酸铜很好的替代产品。

二、碱式氯化铜

碱式氯化铜

（一）概述

1. **国内生产现状** 铜元素是现代饲料生产和养殖动物生产过程不可缺少的微量元素。碱式氯化铜是一种饲料生产所用铜补充剂。2015年，我国饲料添加剂碱式氯化铜的总产量约为3万吨。至2016年，全国获得饲料添加剂碱式氯化铜生产许可证书的生产企业共计有15家，主要分布在广东、江苏、湖南、浙江、上海、山东、黑龙江计7个省（直辖市）（图2-1）。其中，广东有6家，江苏有3家，分别占总数的40%和20%，为国内生产饲料添加剂碱式氯化铜的主要省份。

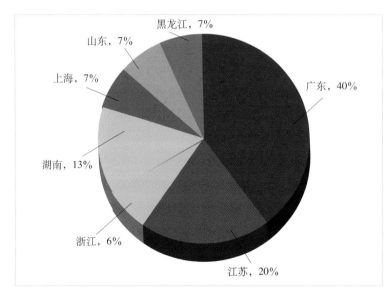

图2-1　全国饲料添加剂碱式氯化铜生产企业分布图

国内主要以IT行业产生的废弃蚀刻液为原料生产饲料添加剂碱式氯化铜，普遍采用通过酸、碱性蚀刻液中和，精制除杂、结晶、干燥获得饲料级碱式氯化铜的工艺技术。由于原料废蚀刻液的含铜量会受到来源的影响，因而生产企业会有针对性地对工艺参数进行相应的调整，但是主体工艺路线不会发生变化。

2.产品功效　农业部批准使用的饲用碱式氯化铜有两种形态，分别是 α-晶型碱式氯化铜和 β-晶型碱式氯化铜，主要为养殖动物提供所需铜元素。有关铜元素的产品功效详见本书第一部分　硫酸铜。国内外的研究结果已表明，碱式氯化铜具有不易吸湿结块、流散性能优良、不破坏饲料中维生素、改进饲料的氧化稳定性以及生物利用率高、抗菌性和防病能力强等特点，已成为一种新型的饲用铜源。碱式氯化铜在家禽、猪、牛上的饲用效果和生物安全性明显高于硫酸铜，而其用量与硫酸铜相比可减少25%～30%。这不仅降低了饲料生产成本，而且还极大地减少了因铜排放对环境造成的污染，对于促进饲料工业和养殖业的健康发展、保护生态环境有着重要意义。

（二）产品定义及物化特性

1.定义　饲料添加剂碱式氯化铜是指由含有铜的酸性蚀刻废液和碱性蚀刻废液，在一定的温度、pH和反应时间条件下，通过化学反应而生成的、符合《饲料添加剂品种目录》和饲料添加剂相关标准要求的化合物，包括 α-晶型碱式氯化铜和 β-晶型碱式氯化铜。

2.物化特性　碱式氯化铜是一种墨绿色或浅绿色结晶型粉末或颗粒，英文名为 Tribasic Copper Chloride，简称TBCC，分子式为 $Cu_2(OH)_3Cl$，相对分子质量为213.57，不溶于水和有机溶剂，溶于氨水和酸，不易潮解，流动性好，氧化性弱，在空气中十分稳定。在饲料添加剂行业中，常将碱式氯化铜分为 α-晶型和 β-晶型。α-晶型碱式氯化铜主要为氯铜矿和副氯铜矿晶体的混合物，β-晶型碱式氯化铜主要由斜氯铜矿晶体组成。

（三）生产工艺

目前，饲料添加剂碱式氯化铜生产主要采用以含铜的酸性或碱性蚀刻废液为原料，通过化学合成法制备而得。

1.生产原理 酸性或碱性蚀刻废液原料在一定条件下，反应生成碱式氯化铜。主要反应如下：

$$2[Cu(NH_3)_4]^{2+}+Cl^-+3H_2O+5H^+=Cu_2(OH)_3Cl\downarrow + 8NH_4^+$$

$$2CuCl_4^{2-}+3NH_3 \cdot H_2O= Cu_2(OH)_3Cl\downarrow + 3NH_4^++7Cl^-$$

2.工艺流程 化学合成法制备生产饲料添加剂碱式氯化铜的工艺流程主要包括原料净化、计量、中和结晶、物相分离、干燥、粉碎和（或）筛分、包装等主要工序。图2-2为化学合成法生产饲料添加剂碱式氯化铜的工艺流程示意图。

如图2-2所示，第一，对原料即酸性以及碱性蚀刻废液分别进行净化处理，以除去砷、铅等杂质；第二，将经过净化的原料计量后泵入碱式氯化铜反应釜，加入氨水在一定反应条件下进行中和反应，并结晶生成具有不同晶体形态的碱式氯化铜；第三，反应结束后，将生成物泵入抽滤机中过滤分离，滤饼在离心机中洗涤离心去除附着的氯化铵；第四，进行干燥、粉碎和（或）筛分；第五，产品抽样检验合格后称重打包，运送至成品库中储存。

3.生产过程主要关键控制点 依据企业采用的化学合成法制备饲料添加剂碱式氯化铜的生产工艺流程，其生产过程主要关键控制点的控制要素：原料预处理工段为砷、铅等杂质的含量；计量工段为原料投料比及精度；中和结晶工段为反应温度、pH、反应和结晶时间；物相分离纯化工段为物相分离和固态产物洗涤的程度；干燥工段为干燥方式、干燥温度；粉碎和（或）筛分工段为粒度；包装工段为产品净含量。

4.所需主要生产设备 按照生产工段的不同，化学合成法生产饲料添加剂碱式氯化铜所需主要生产设备分为计量器、分离纯化设备、中和反应

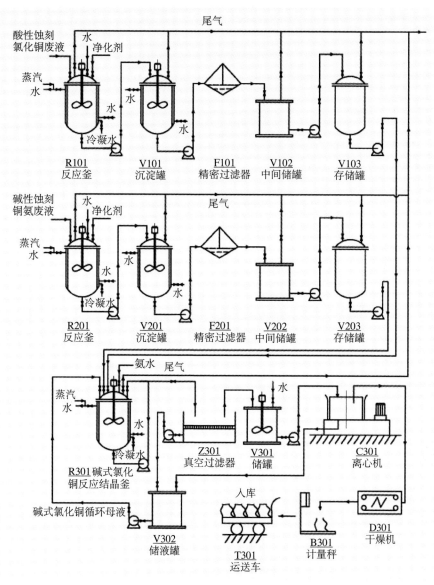

图2-2　化学合成法生产饲料添加剂碱式氯化铜的工艺流程示意图

结晶器、物相分离设备、干燥设备、粉碎和（或）筛分设备、计量设备、包装设备、反应生成废液或废渣处理回收装置、脉冲式除尘设备或更好的除尘设施。其中，干燥设备应能控制温度和具备隔离火源的功能。表2-1为化学合成法生产饲料添加剂碱式氯化铜所需主要具体设备实例。图2-3

是实际生产中生产饲料添加剂碱式氯化铜的关键设备。

图 2-3　生产饲料添加剂碱式氯化铜的关键设备

表 2-1　化学合成法生产饲料添加剂碱式氯化铜所需主要具体设备实例

生产工段		设备名称	常见类型	主要技术指标	控制参数	作　用
原料预处理工段	酸性蚀刻废液净化	搪瓷反应罐	外夹套	工作压力 0.2 ~ 0.4 兆帕	搅拌速率，工作温度和压力	转化一价铜离子，脱除杂质
		沉淀罐	聚丙烯	常压，耐酸碱	搅拌速率，工作温度	脱除杂质
		板框压滤机	聚丙烯	工作压力 0.3 ~ 0.5 兆帕	压力，滤布种类和目数	去除固态杂质
		精密过滤器	管状滤芯	工作压力 0.2 ~ 0.6 兆帕	滤芯孔径，工作温度和压力	脱除杂质
	碱性蚀刻废液净化	搪瓷反应罐	外夹套	工作压力 0.2 ~ 0.4 兆帕	搅拌速率，工作温度和压力	转化一价铜离子，脱除杂质
		沉淀罐	聚丙烯	常压，耐酸碱	搅拌速率，工作温度	脱除杂质
		板框压滤机	聚丙烯	工作压力 0.3 ~ 0.5 兆帕	压力，滤布种类和目数	去除固态杂质
		精密过滤器	管状滤芯	工作压力 0.2 ~ 0.6 兆帕	滤芯孔径，工作温度和压力	脱除杂质
计量工段		原料储罐	聚丙烯	常压，耐酸碱	压力、温度、体积、耐腐蚀	净化原料、储存
		计量泵	塑料合金	流量，耐酸碱	扬程、流量	净化原料

（续）

生产工段	设备名称	常见类型	主要技术指标	控制参数	作　用
中和结晶工段	中和结晶反应釜	外夹套	工作压力0.2～0.4兆帕	搅拌速率，工作温度和压力	制备产物
物相分离纯化工段	真空抽滤机	聚丙烯	工作压力0.3～0.5兆帕	压力，滤板种类和目数	产物生产液的固液分离
	三足离心机	不锈钢	转速≤3 500转/分，转鼓直径≤2 000毫米，转鼓容量≤1 800升	转速，容量	
干燥工段	旋流干燥机		热效率70%，配有脉冲式除尘装置	热风进出口温度、流速、布袋除尘效率	产品干燥
包装工段	打包机	计量包装			产品包装
后处理净化工段	反应生成废液或废渣处理回收装置				废弃物处理与回收
	反应生成废气处理回收装置				废弃物处理与回收

（四）原料与产品质量检验和控制

1. 饲料添加剂碱式氯化铜生产所需原料品质的评价　饲料添加剂碱式氯化铜的原料主要来自于IT产业的废弃物，即碱性废蚀刻液和酸性废蚀刻液。生产企业应按照《饲料质量安全管理规范》的要求制定质量管理制度，检测原料中主成分、杂质，尤其是砷、铅等重金属，签有规范的原料采购合同，建立完善的原料采购和检验记录。在检验指标的基础上调整碱式氯化铜的生产工艺参数，确保产品质量。

2. 饲料添加剂碱式氯化铜产品质量标准　饲料添加剂碱式氯化铜产品目前执行的是中华人民共和国国家标准《饲料添加剂 碱式氯化铜》（GB/T 21696—2008）。

（1）要求。

①外观。墨绿色和浅绿色粉末或颗粒，不溶于水，溶于酸和氨水，在

空气中稳定。

②理化指标。应符合表2-2要求。

表2-2　理化指标

项　目	指　标（%）
碱式氯化铜[$Cu_2(OH)_3Cl$]	≥98.0
铜（以Cu计）	≥58.12
砷（As）	≤0.002
铅（Pb）	≤0.001
镉（Cd）	≤0.000 3
酸不溶物	≤0.2
细度（通过孔径为250微米试验筛）	≥95.0

（2）试验方法。

①鉴别试验。

a) 铜离子的鉴别。称取约0.5克试样，加20毫升盐酸溶液（3摩尔/升）溶解。取1.0毫升此溶液，加0.5毫升乙二胺四乙酸二钠溶液（150克/升），依次加入0.5毫升氢氧化钠溶液（0.1摩尔/升）、1.0毫升硫酸钠溶液（10克/升）、1.0毫升乙酸乙酯，振摇，有机相呈现黄棕色。

b) 氯离子的鉴别。取上述5毫升试验溶液，置于白色瓷板上，加硝酸银溶液，即有白色沉淀生成，在硝酸中不溶。

②碱式氯化铜含量测定。

a) 方法提要。试样用酸溶解，在微酸性条件下，加入适量的碘化钾与二价铜作用，析出等摩尔碘，以淀粉为指示剂，用硫代硫酸钠标准滴定溶液滴定析出的碘。以消耗硫代硫酸钠标准滴定溶液的体积，计算出试样中碱式氯化铜含量。

b) 分析步骤。称取约0.2克试样（精确至0.001克），置于250毫升碘量瓶中，加5.0毫升盐酸溶液（3摩尔/升）溶解，再加4毫升冰乙酸、2克碘化钾，摇匀后，于暗处放置10分钟。用硫代硫酸钠标准溶液（约0.1摩尔/毫升）滴定，直到溶液呈现淡黄色，加3毫升淀粉指示液后呈蓝色，继续滴定至蓝色消失，即为终点。

c）分析结果的计算和表述。以质量分数表示的碱式氯化铜[Cu$_2$(OH)$_3$Cl]含量（w_1）按公式（2-1）计算：

$$w_1 = \frac{c \times V \times 0.106\,8}{m} \times 100 \qquad (2\text{-}1)$$

式中，c为硫代硫酸钠标准滴定溶液浓度（摩尔／升）；V为滴定时消耗硫代硫酸钠标准溶液体积（毫升）；m为试样质量（g）。

碱式氯化铜（以Cu计）含量（w_2）以质量分数表示，按公式（2-2）计算：

$$w_2 = \frac{c \times V \times 0.063\,55}{m} \times 100 \qquad (2\text{-}2)$$

平行测定结果的绝对差值不大于0.20%。

③砷含量测定。

a）原理。样品经酸溶解，使砷以离子状态存在，经氯化亚锡将高价砷还原为三价砷，然后被锌粒和酸产生的新生态氢还原为砷化氢。在密闭装置中，被二乙氨基二硫代甲酸银（Ag-DDTC）的三氯甲烷溶液吸收，形成黄色或棕红色银溶胶，其颜色深浅与砷含量成正比，用分光光度计比色测定。形成胶体银的反应如下：

AsH$_3$+6Ag（DDTC）=6Ag+3H（DDTC）+As（DDTC）$_3$

b）分析步骤。称取约0.5克试样（准确至0.001克），置于100毫升烧杯中，加5毫升盐酸溶液（3摩尔／L）溶解，再加20毫升水、1.5克碘化钾，盖上表面皿；放置5分钟后，加0.2克L-抗坏血酸使之溶解，移入50毫升容量瓶中作为检测液，摇匀。分取25毫升检测液，置于砷化氢发生装置中，加水10毫升，加10毫升盐酸溶液（6摩尔／升），摇匀。加入1毫升碘化钾溶液（150克／升），放置10分钟，加入1毫升氯化亚锡盐酸溶液（400克／升）至溶液无色，摇匀，放置15分钟。准确吸取5毫升Ag-DDTC吸收液（2.5克／升）于吸收瓶中，连接好砷化氢发生吸收装置（勿漏气，导管塞有蓬松的乙酸铅棉花）。从发生装置侧管迅速加入2.5克无砷锌粒，反应30分钟，当室温低于15℃时，反应延长至45分钟。反应中轻摇发生瓶2次，反应结束后，取下吸收瓶，用吸收溶液定容至5毫升，摇匀（避光时溶液颜色稳定2小时）。以吸收溶液为参比，在520纳米处，用1厘米比色池测定。同时于相同条件下做试剂空白试验（注：Ag-DDTC吸收液系有机溶液，凡与之接触器皿务必干燥）。

标准曲线绘制：准确吸取砷标准工作溶液（1.0微克／毫升）0毫升、1.00毫升、2.00毫升、5.00毫升、10.00毫升于发生瓶中，加10毫升盐酸溶液（6摩尔／升），加水稀释至45毫升，加入1毫升碘化钾溶液（150克／升），以下按砷含量测定的规定步骤操作，测其吸光度，求出回归方程各参数或绘制出标准曲线。

c）分析结果的计算和表述。以质量分数表示的砷（As）含量（w_3）按公式（2-3）计算：

$$w_3 = \frac{m_1 \times V_1 \times 0.063\,55}{m \times V_2 \times 1\,000} \times 100 \tag{2-3}$$

式中，m_1为测试液中含砷量（毫克）；V_1为试剂消解液总体积（毫升）；V_2为分取试液体积（毫升）。

平行测定结果的相对偏差值≤15%。

④铅含量测定（原子吸收分光光度法）。称取约10克试样（精确至0.000 1克），加入10毫升水和25毫升硝酸溶液（1+1），使试样溶解。移入100毫升容量瓶中，用水稀释至刻度，摇匀。以下按GB/T 13080的规定执行。

⑤镉含量测定（原子吸收分光光度法）。称取约10克试样（精确至0.01克），加入10毫升水和25毫升硝酸溶液（1+1），使试样溶解。移入100毫升容量瓶中，用水稀释至刻度，摇匀。以下按GB/T 13082的规定执行。

⑥酸不溶物含量测定。

a）方法提要。将试样溶于酸后，经过滤、洗涤、干燥、称量。

b）测定步骤。称取约10克试样（精确至0.0001克），置于400毫升烧杯中，加200毫升盐酸溶液（6摩尔／升）至试样溶解，用预先在105～110℃下烘干至质量恒定的玻璃砂坩埚抽滤，用热水洗涤滤渣至洗液无色，并以氨水溶液（1+1）检查无铜离子反应时为止。将玻璃砂坩埚置于烘箱内在105～110℃下烘干至质量恒定，取出置于干燥器中冷却后称量。

c）分析结果的计算和表述。以质量分数表示的酸不溶物含量（w_4）按公式（2-4）计算：

$$w_4 = \frac{m_2}{m} \times 100 \qquad (2\text{-}4)$$

式中，m_2为干燥后残渣质量（克）。

平行测定结果的绝对差值不大于0.05%。

⑦细度测定。

a）方法提要。用筛分法测定筛下物含量。

b）分析步骤。称取约50克试样（精确至0.0001克）。置于试验筛（孔径为250微米）中进行筛分，将筛下物称量（精确至0.0001克）。

c）分析结果的计算和表述。以质量分数表示的细度（w_5）按公式（2-5）计算：

$$w_5 = \frac{m_3}{m} \times 100 \qquad (2\text{-}5)$$

式中，m_3为筛下物质量（克）。

平行测定结果的绝对差值不大于0.1%。

（3）检验规则。

①采样方法。按GB/T 14699.1的规定进行。

②出厂检验。

a）批。以同班、同原料产品为一批，每批产品进行出厂检验。

b）出厂检验项目。感官性状、细度、铜含量。

c）判定方法。以本标准的有关试验方法和要求为依据，对抽取样品按出厂检验项目进行检验。检验结果如有一项指标不符合本标准要求，应重新加倍从产品中抽样进行复检，复检结果如仍有任何一项不符合标准要求，则判定该批产品为不合格产品，不能出厂。

③型式检验。

a）有下列情况之一时，应进行型式检验：改变配方或生产工艺；正常生产每半年或停产半年后恢复生产；国家技术监督部门提出要求时。

b）型式检验项目。为本标准中规定的全部项目。

c）判定方法。以本标准的有关试验方法和要求为依据。检验结果如有一项不符合本标准要求时，应加倍量从产品中抽样复检，复检结果如仍有一项不符合本标准要求时，则判型式检验结果不合格。

（4）标签、包装、运输、储存。

①标签。饲料添加剂碱式氯化铜包装袋上应有牢固清晰的标识，内容按 GB 10648—2013 的规定执行。

②包装。饲料添加剂碱式氯化铜采用多层复合纸袋包装。

③运输。饲料添加剂碱式氯化铜在运输过程中应有遮盖物，防止雨淋、受潮，不得与有毒有害物品混运。

④储存。饲料添加剂碱式氯化铜应储存在阴凉、干燥处，防止雨淋、受潮，不得与有毒有害物品混存。饲料添加剂碱式氯化铜在符合本标准包装、运输和储存的条件下，该产品从生产之日起保质期为 24 个月。

3. 检验化验室条件要求　饲料添加剂碱式氯化铜生产企业应在厂区内建有独立的与生产车间和仓储区域分离的检验化验室，装备有齐全的、能够满足与产品质量控制相关的检验化验仪器。检验化验室应当符合以下条件：

（1）配备相应检验仪器设备。配备原子吸收光谱仪、1/10 000 分析天平、恒温干燥箱、标准筛以及常规玻璃仪器等检验仪器设备，具备铜、除铜外的各种重金属的含量、粒度等项目的检测能力。

（2）配备相应功能室。检验化验室应当包括天平室、前处理室、仪器室和留样观察室等功能室，使用面积应当满足仪器、设备、设施布局和检验化验工作需要：

①天平室有满足分析天平放置要求的天平台。

②前处理室有能够满足样品前处理和检验要求的通风柜、实验台、器皿柜、试剂柜以及空调等设备设施。

③留样观察室有满足原料和产品储存要求的样品柜。

4. 质量控制与检验化验人员　饲料添加剂碱式氯化铜产品的品控负责人应当具备化学化工、化学分析等相关专业大专以上学历或中级以上技术职称，熟悉饲料法规、原料与产品质量控制、原料与产品检验、产品质量管理等专业知识，并通过现场考核。

同时，生产企业须配备2名以上专职饲料检验化验员。饲料检验化验员应当取得农业部职业技能鉴定机构颁发的饲料检验化验员职业资格证书或与生产产品相关的省级以上医药、化工、食品行业管理部门核发的检验类职业资格证书，并通过现场操作技能考核。

（五）原料及产品仓储要求

1. 饲料添加剂碱式氯化铜生产所需原料仓储要求　饲料添加剂碱式氯化铜生产所需仓储设施应当满足原料（酸性蚀刻液废液、碱性蚀刻液废液等铜源）和氨水、碱式氯化铜成品包装材料、备品备件储存要求。另外，仓储设施还应具有防霉、防潮、防鼠等功能。同时，按照危险化学品、易燃易爆品管理的原料的储存须符合相关行业管理规定。

2. 饲料添加剂碱式氯化铜产品仓储要求　饲料添加剂碱式氯化铜应储存在满足产品储存要求的通风、干燥且具有防潮等功能的指定成品库。

（六）产品应用及发展趋势

作为目前替代饲料添加剂硫酸铜的主要产品，碱式氯化铜已被认知，并被大量应用于各种养殖动物生产。尽管如此，饲料中过量添加碱式氯化铜同样会引起养殖动物中毒，造成动物生产性能下降，而且不被吸收的多余铜离子也会随着动物粪便排泄到环境中，危害生态环境和人类健康。因此，农业部对于配合饲料中的碱式氯化铜的使用进行了相关规定（表2-3）。

表2-3 农业部1224号公告中对于碱式氯化铜的安全使用规范

化合物通用名称	化合物英文名称	分子式或描述	来源	含量规格（%）		适用动物	在配合饲料或全混合日粮中的推荐添加量（以元素计）（毫克／千克）	在配合饲料或全混合日粮中的最高限量（以元素计）（毫克／千克）
				以化合物计	以元素计			
碱式氯化铜	Basic Copper Chloride	$Cu_2(OH)_3Cl$	化学制备	≥98.0	≥58.1	猪、鸡	猪 2.6～5.0 鸡 0.3～8.0	仔猪（≤30千克）200 生长肥育猪（30～60千克）150 生长肥育猪（≥60千克）35 种猪 35 鸡 35

饲料添加剂碱式氯化铜既能提高养殖动物的生产性能，又可以减少铜排放，减少资源浪费和环境污染，已成为一种重要的饲用优质铜源产品。随着科技的发展和人们对其认知程度的提高，碱式氯化铜会越来越广泛地被应用于饲料生产中。如何使饲料添加剂碱式氯化铜充分发挥其在动物生产上的生物学功效是一个重要的科学课题，也是其未来发展的主要趋势。

三、硫 酸 锌

CHAPTER 03

硫 酸 锌

（一）概述

1. **国内生产现状**　锌是畜禽机体必需的营养物质，硫酸锌作为重要的微量元素类添加剂被广泛地应用于畜禽养殖行业。2015年，我国饲料添加剂硫酸锌的产量为15.4万吨。至2016年，国内获得饲料添加剂硫酸锌生产许可证书的生产企业共计有34家。主要分布在黑龙江、河北、山东、江苏、湖南、江西、福建、湖北、河南、广西、浙江、四川、云南、陕西共14个省（自治区）（图3-1）。其中，湖南14家、江西4家，分别占总数的

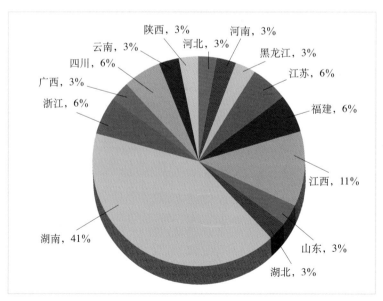

图3-1　国内饲料添加剂硫酸锌生产企业分布图

41.2%和11.8%，为国内生产饲料添加剂硫酸锌的主要省份。

2. **产品功效**　硫酸锌是饲料中应用最广的锌的补充剂，而锌又是当前发现的动物营养中功能最多的必需微量元素。应用到动物常规日粮中，具有以下作用：

（1）促进动物生长，影响DNA、RNA的合成，参与核酸与蛋白质的代谢，参与激素的合成和激活，影响胰岛素的合成。锌是动物机体内300多种酶的组成部分，参与多种细胞的新陈代谢。

（2）具有抗氧化作用，能去除多余的自由基，与维生素E协同发挥作用，共同减缓机体氧化损伤。与铜、铁等微量元素产生竞争，抑制机体内的脂质过氧化反应，维持机体正常的抗氧化状态。

（3）影响味觉素的合成、影响味蕾的结构及功能，进而影响动物的味觉和食欲。

（4）影响骨骼的生长发育、骨质的形成、软骨原始细胞的分裂、软骨细胞的成熟和分化，进而影响骨的矿化及成骨潜能的激活。

（5）促进毛皮生长，影响毛皮的完整性及羽毛的生长。

（6）影响动物繁殖性能，调节性激素的分泌，维持母畜卵巢的正常功能，增加公畜精子质量、数量和活性，提高动物精子和卵子的受精力，促进繁殖。

（7）增强动物的免疫能力，促使免疫器官正常生长发育。锌缺乏会导致畜禽免疫机能低下，对疾病的易感性增加，家禽出现"骨短粗症"，仔猪股骨生长减弱，骨强度减弱，影响畜禽的生长发育和饲料转化率。

（二）产品定义及物化特性

1. **定义**　饲料添加剂硫酸锌是指由硫酸和含锌的物质，在一定的温度、pH和反应时间条件下，通过化学反应而生成的或将硫酸锌通过物理直接干燥方法加工而成的、符合《饲料添加剂品种目录》和饲料添加剂相关标准要求的化合物。包括一水硫酸锌和七水硫酸锌。

2. 物化特性　一水硫酸锌，为白色粉末状固体，英文名为 Zinc Sulfate Monohydrate，分子式为 $ZnSO_4 \cdot H_2O$，相对分子质量为179.45，含锌量 ≥34.5%，无气味，可溶于水，微溶于醇，不溶于丙酮。

七水硫酸锌，俗称皓矾，为无色透明结晶或白色结晶状粉末，英文名为 Zinc Sulfate Heptahydrate，分子式为 $ZnSO_4 \cdot 7H_2O$，相对分子质量为287.56，含锌量 ≥22.0%，无气味，味涩，熔点100℃，在280℃失去7个结晶水，溶于水及甘油，不溶于乙醇。

（三）生产工艺

目前，主要由硫酸湿法浸出法生产硫酸锌。

1. 生产原理　硫酸锌生产原料为次氧化锌，"次"是指品位次，其主要成分是氧化锌（ZnO），含量为45%～65%，包含有铟、锗、钙、锰、铅、镁、铁、锰、铜、镓等杂质。

a）酸浸。次氧化锌加入硫酸溶液，反应生成 $ZnSO_4$。

$$ZnO + H_2SO_4 = ZnSO_4 + H_2O$$

同时，杂质中的铅、钙、镁生成 $PbSO_4$、$CaSO_4$ 和 $MgSO_4$ 沉淀，与溶液中的 $ZnSO_4$ 和其他杂质元素如锰、铁、铜、镉、铟的硫酸盐分离。

b）去除铁、铜、镉、铟、锗、镓等杂质。

一次净化：加入双氧水（H_2O_2），将 Fe^{2+}、Mn^{2+} 分别氧化成 Fe^{3+}、Mn^{4+}，并最终生成 MnO_2 和 $Fe(OH)_3$ 沉淀。

二次净化：在液体中加入锌粉，置换出元素铜、镉、铟、锗、镓等杂质。

2. 工艺流程　饲料添加剂硫酸锌的工艺流程主要包括原料计量、酸浸、过滤、除杂、浓缩结晶、固液分离、干燥脱水、称量包装等主要工序。图3-2为硫酸湿法浸出法生产饲料添加剂硫酸锌的工艺流程示意图。

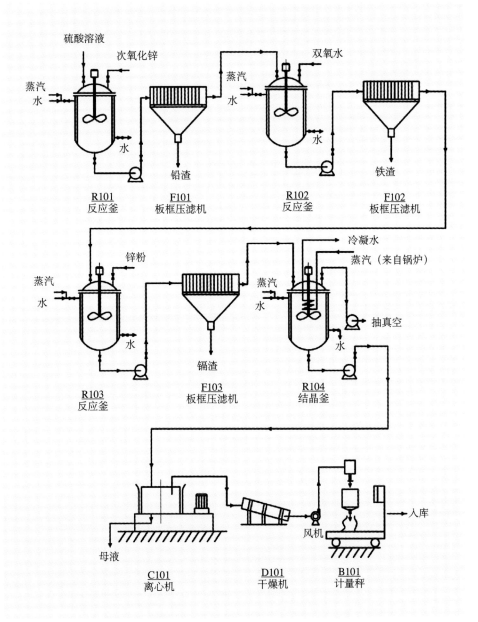

图3-2 硫酸湿法浸出法生产饲料添加剂硫酸锌的工艺流程示意图

生产饲料添加剂硫酸锌，首先将次氧化锌原料投入反应罐再加入稀硫酸溶液进行搅拌溶解反应，反应结束后将反应液泵入板框压滤机过滤，除去硫酸铅等不溶杂质；滤液泵入除铁反应釜中，加入氧化剂双氧水进行氧化除铁，反应结束后，进行压滤除去生成的氢氧化铁等杂质；将所得滤液泵入还原反应釜中，加入锌粉脱除铜、镉等杂质，反应产物再经压滤获得精制的硫酸锌溶液；精制后的硫酸锌溶液依次经过浓缩、离心脱水、干燥、抽样、称量、包装等工序分别得到七水硫酸锌和一水硫酸锌成品。成品硫酸锌送至成品库中存放。

3. 生产过程主要关键控制点　依据企业采用的硫酸湿法浸出法生产制备饲料添加剂硫酸锌的生产工艺流程，其生产过程主要关键控制点控制要素为：

(1) 原料筛选。尽可能选用锌含量高、杂质含量低的原料。

(2) 净化除杂。必须严格控制工艺参数。原料计量工段应控制投料比及精度；酸浸工段控制反应温度、pH、反应时间、浸取液密度；过滤工段控制过滤方式；除杂工段控制除杂剂的用量、pH、反应温度、反应时间，如将重金属杂质降至 3 ～ 5 毫克／千克，确保产品质量达到饲用等级标准。

(3) 结晶。控制温度，连续性送入液体，提高结晶效率，降低杂质含量，提高产品质量。浓缩结晶工段控制浓缩温度、浓缩液密度、结晶温度和时间以及物相分离的有效性。

(4) 干燥。有效的干燥方式控制干燥温度上下限，避免杂质污染。

(5) 产品包装。控制净含量。

4. 所需主要生产设备　按照生产工段的不同，硫酸湿法浸出法制备饲料添加剂硫酸锌所需主要生产设备分为计量器、反应器、分离纯化设备、还原置换反应器、物相分离设备、结晶器和离心机、干燥设备、粉碎和计量设备、包装设备、反应生成废液或废渣处理回收装置、脉冲式除尘设备或更好的除尘设施。其中，干燥设备应能控制温度和具备隔离火源的功能。表 3-1 为硫酸湿法浸出法生产饲料添加剂硫酸锌所需主要具体设备实例。图 3-3 为实际生产中应用硫酸湿法浸出法生产饲料添加剂硫酸锌的关键设备。

表3-1 硫酸湿法浸出法生产饲料添加剂硫酸锌所需主要具体设备实例

生产工段	设备名称	常见类型	主要技术指标	控制参数	作　用
原料储存工段	硫酸储存罐	聚丙烯	耐酸、耐受储存压力	工作温度、压力和耐腐性	原料储存
	酸雾除雾塔	聚丙烯	pH 2.5，温度≤50℃	pH、工作温度和耐腐性	原料储存
计量工段	硫酸计量槽	碳钢	温度0～50℃	工作温度和耐腐性	原料计量
	双氧水计量槽	聚丙烯	温度≤45℃下工作	工作温度和耐腐性	原料计量
反应工段	酸溶解反应釜	搪瓷，外加套	工作压力0.2～0.4兆帕	搅拌速率、pH、工作温度和压力	制备产物
	板框压滤机	聚丙烯	工作压力0.3～0.5兆帕	压力、滤布种类和目数	产物生产液的固液分离
分离纯化工段	除铁反应釜	搪瓷，外加套	工作压力0.2～0.4兆帕	搅拌速率、pH、工作温度和压力	纯化产物
	置换反应釜	搪瓷，外加套	工作压力0.2～0.4兆帕	搅拌速率、pH、工作温度和压力	纯化产物
	板框压滤机	聚丙烯	工作压力0.3～0.5兆帕	压力、滤布种类和目数	产物生产液的固液分离
冷却结晶工段	浓缩釜	不锈钢，内外夹套	工作压力0.2～0.4兆帕	搅拌速率、pH、工作温度和压力	产品浓缩
	三足离心机	不锈钢	转速≤3500转/分，转鼓直径≤2000毫米，转鼓容量≤1800升	转速、容量	晶体和母液分离
干燥工段	干燥转窑	不锈钢	温度≥350℃	热风进出口温度、流速	产品干燥
	水膜除尘器	不锈钢	pH 3～7，温度≤50℃	除尘效率	干燥过程中除尘
包装工段	打包机	计量包装			产品包装
后处理净化工段	反应生成废液或废渣处理回收装置				废弃物处理与回收
	反应生成废气处理回收装置				废弃物处理与回收

图3-3 生产饲料添加剂硫酸锌的关键设备

（四）原料与产品质量检验和控制

1.饲料添加剂硫酸锌生产所需原料品质的评价 饲料添加剂硫酸锌的原料主要来自于铅锌厂冶炼产生的次氧化锌。生产企业应按照《饲料质量安全管理规范》的要求制定质量管理制度，检测原料中主成分、杂质，尤其是砷、铅、镉等重金属，签有规范的原料采购合同，建立完善的原料采购和检验记录。在检验指标的基础上调整硫酸锌的生产工艺参数，确保产品质量。

2.饲料添加剂硫酸锌产品质量标准 饲料添加剂硫酸锌产品标准目前执行的是中华人民共和国国家标准《饲料添加剂 硫酸锌》（GB/T 25865—2010）。

（1）要求。

①外观。一水硫酸锌为白色或类白色粉末；七水硫酸锌为无色透明的棱柱状结晶或颗粒状结晶性粉末。

②理化指标。应符合表3-2要求。

表3-2　理化指标

项　目	指　标	
	$ZnSO_4 \cdot H_2O$	$ZnSO_4 \cdot 7H_2O$
硫酸锌（%）	≥94.7	≥97.3
锌（%）	≥34.5	≥22.0
砷（毫克/千克）	≤5	≤5
铅（毫克/千克）	≤10	≤10
镉（毫克/千克）	≤10	≤10
粉碎粒度　$W = 250$ 微米 试验筛通过率（%）	≥95	—
$W = 800$ 微米 试验筛通过率（%）	—	≥95

（2）试验方法。

①鉴别试验。

a）锌离子的鉴别。称取约0.2克试样，溶于5毫升水中。取1毫升试液，用乙酸溶液调节溶液pH为4～5，加2滴硫酸钠溶液（250克/升），再加数滴双硫腙-四氯化碳（1+10）溶液和1毫升三氯甲烷，振摇后，有机层显紫红色。

b）硫酸根离子的鉴别。取试样少量，加水溶解，滴加氯化钡溶液，即生成白色沉淀；分离，沉淀在盐酸中不溶解。

②硫酸锌含量测定。

a）方法提要。试样溶解后，通过掩蔽剂掩蔽其他离子干扰，在pH5～6的条件下，乙二胺四乙酸二钠（EDTA）与锌离子络合，用二甲酚橙指示剂滴定终点。

b）分析步骤。称取约0.2克一水硫酸锌试样或0.3克七水硫酸锌试样（精确至0.000 2克），置于250毫升锥形瓶中，加少量水润湿，滴加2滴硫酸溶液（1+1）使试样溶解，加水50毫升、氟化铵溶液（200克/升）10毫升、硫脲溶液（200克/升）2.5毫升、抗坏血酸0.2克，摇匀溶解后加入15毫升乙酸-乙酸钠缓冲溶液（pH 5.5）和3滴二甲酚橙指示液，用乙二胺四乙酸二钠标准滴定溶液[c（EDTA）≈ 0.05摩尔/升]滴定，溶液由红色变为亮黄色或黄色即为终点，同时做空白试验。

c）结果计算与表述。以质量分数表示的一水硫酸锌（$ZnSO_4 \cdot H_2O$）含量（w_1）按公式（3-1）计算：

$$w_1 = \frac{c\,(V - V_0)\,\times 0.179\,5}{m} \times 100 \qquad (3\text{-}1)$$

式中，V_0 为滴定空白溶液消耗乙二胺四乙酸二钠标准滴定溶液体积（毫升）；V 为滴定试样溶液消耗乙二胺四乙酸二钠标准滴定溶液体积（毫升）；c 为乙二胺四乙酸二钠标准滴定溶液浓度（摩尔／升）；m 为试样质量（克）；0.179 5 为与 1.00 毫升乙二胺四乙酸二钠标准滴定溶液[c（EDTA）= 1.00 摩尔／升]相当的、以克表示的一水硫酸锌质量。

以质量分数表示的七水硫酸锌（$ZnSO_4 \cdot 7H_2O$）含量（w_2）按公式（3-2）计算：

$$w_2 = \frac{c\,(V - V_0)\,\times 0.287\,5}{m} \times 100 \qquad (3\text{-}2)$$

式中，0.287 5 为与 1.00 毫升乙二胺四乙酸二钠标准滴定溶液[c（EDTA）= 1.00 摩尔／升]相当的、以克表示的七水硫酸锌质量。

以质量分数表示的锌含量（w_3）按公式（3-3）计算：

$$w_3 = \frac{c\,(V - V_0)\,\times 0.065\,38}{m} \times 100 \qquad (3\text{-}3)$$

式中，0.065 38 为与 1.00 毫升乙二胺四乙酸二钠标准滴定溶液 [c（EDTA）= 1.00 摩尔／升]相当的、以克表示的锌质量。

在重复性条件下获得的两次独立测定结果的绝对值之差不得超过0.15%。

③砷含量测定。按 GB/T 13079 中规定的方法测定。

④铅含量测定。按 GB/T 13080 中规定的方法测定。

⑤镉含量测定。按GB/T 13082中规定的方法测定。

⑥粉碎粒度测定。按GB/T 5917.1中规定的方法测定。

（3）检验规则。应由生产企业的质量检验部门进行检验，本标准规定的所有项目为出厂检验项目，生产企业应保证出厂产品均符合标准的要求。在规定期限内具有同一性质和质量，并在同一连续生产周期中生产出来的一定数量的产品为一批。

使用单位可按照本标准规定的检验规则和试验方法对所收到的产品进行质量检验，检验其是否符合标准的要求。

取样方法：抽样须备有清洁、干燥、具有密闭性的样品瓶（袋），瓶（袋）上贴有标签，注明生产企业名称、产品名称、批号及取样日期。抽样时，用清洁的取样工具伸入包装容器的3/4深处，将所取样品充分混匀，以四分法缩分，每批样品分2份，每份样品量应不少于检验所需试样的3倍量，装入样品瓶（袋）中，一瓶（袋）供检验用，另一瓶（袋）密封保存备查。

出厂检验若有一项指标不符合本标准要求时，允许从加倍包装中抽样进行复验，复验结果即使有一项不符合本标准要求，则整批产品也判为不合格品。

如供需双方对产品质量发生异议时，可由双方商请仲裁单位按本标准的检验方法和规则进行仲裁。

（4）标签、包装、运输、储存。

①标签。按GB 10648中的规定执行。

②包装。装于适宜的容器中，采用密封包装，包装材料的卫生应符合要求。每件包装的质量可根据客户的要求而定。

③运输。在运输过程中应防潮，防止包装破损，严禁与有毒有害物质及酸、碱物质混运。

④储存。应储存在干燥、无污染的地方。

⑤保质期。在符合本标准包装、运输和储存的条件下，自生产之日起保质期为12个月。逾期应重新检验是否符合标准要求。

3. 检验化验室条件要求　饲料添加剂硫酸锌生产企业应在厂区内建有独立的与生产车间和仓储区域分离的检验化验室，装备有齐全的、能够满足与产品质量控制相关的检验化验仪器。

检验化验室应当符合以下条件：

(1) 检验仪器设备。配备原子吸收光谱仪、1/10 000分析天平、恒温干燥箱、标准筛以及常规玻璃仪器等检验仪器设备，具备锌含量、除锌外的各种重金属和粉碎粒度等项目的检测能力。

(2) 功能室。检验化验室应当包括天平室、前处理室、仪器室和留样观察室等功能室。使用面积应当满足仪器、设备、设施布局和检验化验工作需要：

①天平室有满足分析天平放置要求的天平台。

②前处理室有能够满足样品前处理和检验要求的通风柜、实验台、器皿柜、试剂柜以及空调等设备设施；同时开展高温或明火操作和易燃试剂操作的，应当分别设立独立的操作区和通风柜。

③留样观察室有满足原料和产品储存要求的样品柜。

4. 质量控制与检验化验人员　饲料添加剂硫酸锌产品的品控负责人应当具备化学化工、化学分析等相关专业大专以上学历或中级以上技术职称，熟悉饲料法规、原料与产品质量控制、原料与产品检验、产品质量管理等专业知识，并通过现场考核。

同时，生产企业须配备2名以上专职饲料检验化验员。饲料检验化验员应当取得农业部职业技能鉴定机构颁发的饲料检验化验员职业资格证书或与生产产品相关的省级以上医药、化工、食品行业管理部门核发的检验类职业资格证书，并通过现场操作技能考核。

（五）原料及产品仓储要求

1. 饲料添加剂硫酸锌生产所需原料仓储要求　采用硫酸湿法浸出法生产所需仓储设施应当满足原料（硫酸、次氧化锌）、辅料（锌粉、双氧水等）、硫酸锌成品、包装材料、备品备件储存要求。另外，仓储设施还应具有防霉、防潮、防鼠等功能。同时，按照危险化学品、易燃易爆品管理的原料的储存须符合相关行业管理规定。

2. **饲料添加剂硫酸锌产品仓储要求**　饲料级硫酸锌应储存在可满足产品储存要求的通风、干燥且有防潮等功能的指定成品库。

（六）产品应用及发展趋势

作为饲料中主要的锌元素来源，硫酸锌已被广泛应用于各种养殖动物生产的各个阶段，以满足动物生长过程中对锌的需求。饲料中添加高剂量的硫酸锌会带来一系列负面影响：造成仔猪对高锌的依赖性、抑制仔猪后期生长以及对生态环境造成污染。目前，农业部对于硫酸锌的使用进行了相关规定（表3-3）。

表3-3　农业部第1224号公告中对于硫酸锌的安全使用规范

化合物通用名称	化合物英文名称	分子式或描述	来源	含量规格（％）		适用动物	在配合饲料或全混合日粮中的推荐添加量（以元素计）（毫克／千克）	在配合饲料或全混合日粮中的最高限量（以元素计）（毫克／千克）
				以化合物计	以元素计			
硫酸锌	Zinc Sulfate	$ZnSO_4 \cdot H_2O$	化学制备	≥94.7	≥34.5	养殖动物	猪 40～110 肉鸡 55～120 蛋鸡 40～80 肉鸭 20～60 蛋鸭 30～60 鹅 60 肉牛 30 奶牛 40 鱼类 20～30 虾类 15	代乳料 200 鱼类 200 宠物 250 其他动物 150
		$ZnSO_4 \cdot 7H_2O$		≥97.3	≥22.0			

随着人们对微量元素利用认识的加深，饲料添加剂硫酸锌逐步将被既有高生物学利用率又对环境友好的优质锌源产品（如氧化锌、有机锌

盐、络合锌和螯合锌等）所替代。作为生长促进剂而言，使用较低添加水平的碱式氯化锌就能较好地改善养殖动物的增重和提高饲料转化率。已有体外试验证明，碱式氯化锌比硫酸锌有更好的抗菌活性。碱式氯化锌是一种中性盐，稳定性好，不易吸潮，适口性比硫酸锌好，对饲料中维生素、胆碱和油脂等成分破坏性低，有望成为一种替代饲料添加剂硫酸锌的优良产品。

四、氧 化 锌

CHAPTER 04

氧 化 锌

（一）概述

1. 国内生产现状　锌是动物生长过程中必需的重要微量元素，氧化锌不仅能够促进动物生长、提高机体的免疫力，还具有显著的防治仔猪腹泻的功效。2015年，我国饲料添加剂氧化锌的总产量约为1万吨。至2016年，全国获得饲料添加剂氧化锌生产许可证书的生产企业共计有20家，主要分布在河北、江苏、湖南、江西、福建、四川、陕西7个省份（图4-1）。其

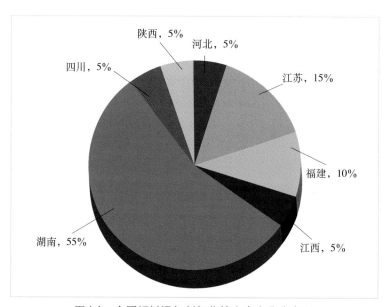

图4-1　全国饲料添加剂氧化锌生产企业分布图

中，湖南有11家，江苏有3家，分别占总数的55%和15%，为国内生产饲料添加剂氧化锌的主要省份。

2. 产品功效　饲料添加剂氧化锌作为微量元素锌的补充剂，在动物体内具备锌的多种生理功能，锌的产品功效详见本书第三部分　硫酸锌。此外，氧化锌具有促进舌黏膜味蕾细胞再生、增强胃口，收敛肠道中受损上皮细胞膜，维持肠道细胞完整性，维持畜禽肠道微生物菌群，抑制其对肠道损害的作用。因此，氧化锌对避免断奶仔猪腹泻发挥着很大的作用。

（二）产品定义及物化特性

1. 定义　饲料添加剂氧化锌是指由硫酸锌等锌源和碳酸钠或氨水等，通过化学反应并经过高温煅烧而生成的，符合《饲料添加剂品种目录》和饲料添加剂相关标准要求的化合物。

2. 物化特性　氧化锌为白色固体，英文名为 Zinc Oxide，分子式为 ZnO，相对分子质量为81.39，无嗅无味。受热变为黄色，冷却后重新变为白色，加热至 1 800℃ 时升华，溶于酸、浓碱、氨水和铵盐溶液，不溶于水和乙醇。

（三）生产工艺

饲料添加剂氧化锌主要采用化学法进行生产而得。

1. 生产原理　将硫酸锌转变为碱式碳酸锌，高温煅烧后生成氧化锌。

a）制备硫酸锌：见本书第三部分　硫酸锌。

b）碱式碳酸锌的制备与煅烧。

$$3Na_2CO_3+3ZnSO_4+2H_2O=ZnCO_3 \cdot 2Zn(OH)_2 \cdot H_2O+3Na_2SO_4+2CO_2\uparrow$$
$$ZnCO_3 \cdot 2Zn(OH)_2 \cdot H_2O=3ZnO+CO_2\uparrow+3H_2O$$

2. 生产工艺流程　饲料添加剂氧化锌生产工艺流程主要应包括原料计量、酸浸、过滤、除杂、碱式碳酸锌合成、固液分离、煅烧干燥、称

四、氧化锌

量包装等主要工序。图4-2为化学法生产饲料添加剂氧化锌的工艺流程示意图。

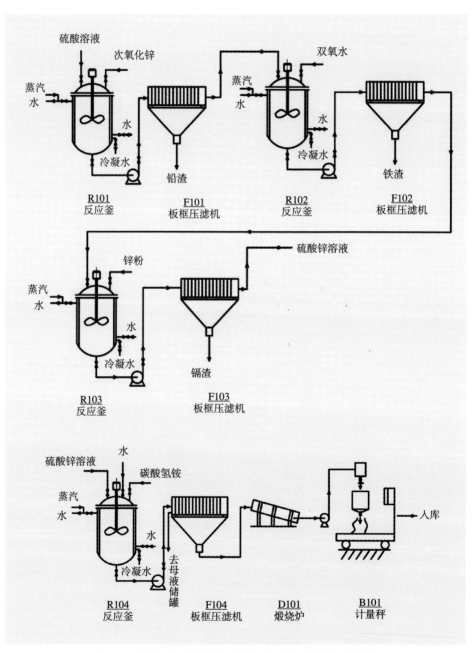

图4-2 化学法生产饲料添加剂氧化锌的工艺流程示意图

如图4-2所示，饲料添加剂氧化锌的生产过程主要分为两个阶段：第一阶段是以锌的氧化物或锌渣为原料生产出硫酸锌；第二阶段是硫酸锌与碱液反应生成碱式碳酸锌，再经高温煅烧制得氧化锌。

首先，将次氧化锌原料投入反应罐，加入稀硫酸溶液进行搅拌溶解反应，待反应结束后，将反应液泵入板框压滤机过滤，除去硫酸铅等不溶杂质；其次，滤液泵入除铁反应釜中，加入氧化剂双氧水进行氧化除铁，反应结束后，进行压滤除去生成的氢氧化铁等杂质；最后，将所得滤液泵入还原反应釜中，加入锌粉脱除铜、镉等杂质，反应产物再经压滤获得精制的硫酸锌溶液。

将精制的硫酸锌溶液与水溶性碳酸盐在反应釜中充分反应，生成碱式碳酸锌沉淀 [$ZnCO_3 \cdot 2Zn(OH)_2 \cdot H_2O$]；通过板框压滤机压滤，得到碱式碳酸锌；再由煅烧炉干燥煅烧，得到饲料添加剂氧化锌（ZnO）产品；产品抽样检验合格后称重打包，运送至成品库中储存。

3. 生产过程主要关键控制点　按企业采用的制备饲料添加剂氧化锌的生产工艺流程，其生产过程主要关键控制点在于首先控制硫酸锌溶液的质量，即须严格保证次氧化锌和硫酸溶液反应过程中铅等杂质的脱除率，硫酸锌液体在氧化除杂质后的铁及锰含量以及严格控制硫酸锌液体在还原除杂质后的铜、镉、砷等的含量。在后续工艺过程，应重点控制计量工段中的原料投料比及精度；反应工段的反应温度、pH、反应时间；分离工段的分离方式及杂质的含量；煅烧干燥工段的煅烧温度、时间；粉碎和（或）筛分工段的粒度；包装工段的产品净含量。

4. 所需主要生产设备　以锌的氧化物或锌渣为原料，化学法生产饲料添加剂氧化锌所需的主要生产设备及辅助设备包括计量器、酸溶解浸出装置、分离纯化设备、氧化中和器、置换反应设备和物相分离设备、碱式碳酸锌反应器、高温煅烧装置、计量设备、包装设备、反应生成废液或废渣处理回收以及尾气净化处理装置、脉冲式除尘设备或更好的除尘设施等。表4-1为化学法生产饲料添加剂氧化锌所需主要具体设备实例。图4-3为实际生产中生产饲料添加剂氧化锌的关键设备。

表4-1　化学法生产饲料添加剂氧化锌所需主要具体设备实例

生产工段	设备名称	常见类型	主要技术指标	控制参数	作　用
原料储存工段	硫酸储存罐	碳素钢	A3钢，45℃下使用	工作温度、压力和耐腐性	原料储存
	酸雾除雾塔	聚丙烯塑料	pH 2.5，温度≤50℃	pH、工作温度和耐腐性	原料储存
	储料缸	碳素钢、磁砖防腐	pH 2.5、4.5、5.4，常温	工作温度、pH和耐腐性	原料储存
计量工段	硫酸计量槽	碳素钢	温度0～50℃	工作温度和耐腐性	原料计量
	双氧水计量槽	聚丙烯塑料	温度≤45℃下工作	工作温度和耐腐性	原料计量
反应工段	反应釜	碳素钢、磁砖防腐	pH 2.5～3.5，温度90℃	搅拌速率、pH、工作温度和压力	制备中间产物
	石灰搅拌釜	碳素钢	pH≥11	搅拌速率、pH、工作温度和压力	制备产物
	干燥煅烧窑	不锈钢	热空气温度500～1 200℃	工作温度和压力	制备产物
分离纯化工段	水力喷射器	碳素钢、磁砖防腐	pH 4.5	工作温度和pH	脱除杂质
	洗渣釜	碳素钢、磁砖防腐	pH≤2.5，温度60℃	工作温度和pH	脱除杂质
	除铁釜	碳素钢、磁砖防腐	pH 4.5～5.4，温度70℃	工作温度和pH	脱除杂质
	置换釜	碳素钢、磁砖防腐	pH 3.5～5.4，温度≤50℃	工作温度和pH	脱除杂质
	压滤机	碳素钢、聚丙烯塑料	温度≤85℃，空腔容量1.56米^3	压力、滤布种类和目数	脱除杂质
冷却结晶工段	浓缩釜	不锈钢	温度103℃	工作温度和pH	产品浓缩
	冷却缸	不锈钢	温度≤10℃	工作温度和pH	产品冷却
	离心机	不锈钢	3吨/小时		产品浓缩
干燥工段	干燥转窑	不锈钢	温度≥350℃	热风进出口温度、流速	产品干燥
	水膜除尘器	不锈钢	pH 3～7，温度≤50℃	除尘效率	干燥过程中除尘
包装工段	打包机	计量包装			产品包装
后处理净化工段	反应生成废液或废渣处理回收装置				废弃物处理与回收
	反应生成废气处理回收装置				废弃物处理与回收

图4-3　氧化锌主要生产设备

（四）原料与产品质量检验和控制

1. 饲料添加剂氧化锌生产所需原料品质的评价　饲料级氧化锌的原料主要来自于工业生产废料次氧化锌。生产企业应按照《饲料质量安全管理规范》的要求制定质量管理制度，检测原料中主成分、杂质，尤其是砷、铅、隔等重金属，签有规范的原料采购合同，建立完善的原料采购和检验记录。在检验指标的基础上调整氧化锌的生产工艺参数，确保产品质量。

2. 饲料添加剂氧化锌产品质量标准　饲料添加剂氧化锌产品标准目前执行的是中华人民共和国化工行业标准《饲料级　硫酸锌》（HG/T 2792—2011）。

（1）性状。

①外观。白色或微黄色粉末。

②理化指标。应符合表4-2要求。

表4-2　理化指标

项　　目	指标（%）
氧化锌（ZnO） 氧化锌（以Zn计）	≥95.0 ≥76.3
铅（Pb）	≤0.002
镉（Cd）	≤0.000 8
砷（As）	≤0.000 5
细度（通过150微米试验筛）	≥98

（2）试验方法。

①锌离子鉴别试验。称取约0.2克试样，加10毫升盐酸溶液，加热至试样全部溶解，加5毫升水，用氨水溶液调节pH至4～5，加2滴硫酸钠溶液（250克／升），再加数滴双硫腙-四氯化碳溶液（1+100）和1毫升三氯甲烷，振摇后，有机层显紫红色。

②氧化锌含量测定。

a）亚铁氰化钾容量法（仲裁法）。

方法提要。在酸性条件下，以二苯胺为指示剂，用亚铁氰化钾标准滴定液滴定至溶液由蓝紫色变为黄绿色为终点。

$$3Zn^{2+}+2K_4Fe(CN)_6=K_2Zn_3[Fe(CN)_6]_2+6K^+$$

亚铁氰化钾标准滴定溶液（0.05摩尔／升）的配制。称取约21.6克亚铁氰化钾，0.6克铁氰化钾及0.2克无水碳酸钠于400毫升的烧杯中。加水溶解后，用水稀释至1 000毫升，置于棕色瓶中，放置1周后用玻璃坩埚钳（滤板孔径为5～15微米）过滤，标定。亚铁氰化钾标准滴定溶液，在夏季每周至少标定1次，冬季每月至少标定1次，溶液中如有沉淀产生时，必须重新过滤、标定。

亚铁氰化钾标准滴定溶液的标定。称取约1.7克于800℃灼烧至质量恒定的基准氧化锌（精确至0.000 1克），置于250毫升烧杯中，用少许水湿润，加10毫升盐酸溶液，加50毫升水，搅拌至全部溶解，移入250毫升容量瓶中，稀释至刻度，摇匀。

用移液管移取25毫升上述溶液，置于250毫升锥形瓶中，加70毫升水。滴加氨水溶液（2+3）至白色胶状沉淀刚好产生，加入20毫升硫酸铵溶液（250克/升）及20毫升硫酸溶液（1+3），加热至75～80℃，用亚铁氰化钾标准滴定溶液滴定。近终点时加入2～3滴二苯胺指示剂。当滴定至溶液的蓝紫色突变至蓝绿色，并在30秒内不再反复蓝紫色时即为终点，终点时溶液温度不得低于60℃。

同时做空白试验，空白试验溶液除不加试样外，加入试剂的种类和量（标准滴定溶液除外）与试验溶液相同。

分析结果的计算和表述。以摩尔每升表示的亚铁氰化钾标准滴定溶液浓度（c）按公式（4-1）计算：

$$c = \frac{m \times 25/250}{(V - V_0) \times M \times 10^{-3}} \tag{4-1}$$

式中，V 为滴定试验溶液消耗的亚铁氰化钾标准滴定溶液体积（毫升）；V_0 为滴定空白溶液消耗的亚铁氰化钾标准滴定溶液体积（毫升）；m 为称取基准氧化锌质量（克）；M 为氧化锌（3/2 ZnO）摩尔质量（克/摩尔）（M=122.12）。

测定结果的相对极差与平行均值之比不得大于0.2%，两人测定结果平均值差不得大于0.2%。

分析步骤。称取约2.0克试样（精确至0.0001克），置于250毫升烧杯中，用少许水湿润，加10毫升盐酸溶液（1+1），加50毫升水，加热至试样全部溶解，移入250毫升容量瓶中，用水稀释至刻度，摇匀（必要时，用中速定性滤纸进行干过滤，弃去约50毫升前滤液，收集滤液）。

用移液管移取20毫升试验溶液，置于250毫升锥形瓶中，加50毫升水。以下操作同亚铁氰化钾的标定，从"滴加氨水溶液至白色胶状沉淀刚好产生……"开始操作。

同时做空白试验，空白试验溶液除不加试样外，加入试剂的种类和量（标准滴定溶液除外）与试验溶液相同。

分析结果的计算和表述。以质量分数表示的氧化锌含量（w_1）按公式

(4-2) 计算：

$$w_1 = \frac{(V - V_0) \times c \times M \times 10^{-3}}{m \times 20/250} \times 100 \qquad (4\text{-}2)$$

以锌（Zn）的质量百分数表示的氧化锌含量（w_2）按公式（4-3）计算：

$$w_2 = \frac{(V - V_0) \times c \times M_1 \times 10^{-3}}{m \times 20/250} \times 100 \qquad (4\text{-}3)$$

式中，c 为亚铁氰化钾标准滴定溶液浓度（摩尔／升）；M 为氧化锌（3/2 ZnO）摩尔质量（克／摩尔）（M=122.12）；M_1 为锌（3/2 Zn）摩尔质量（克／摩尔）（M=98.12）。

两次平行测定结果的绝对差值不小于0.3%。

b）EDTA（乙二胺四乙酸二钠）滴定法。

方法提要。试样用盐酸溶解后，在pH≈6的条件下，用二甲酚橙做指示剂，用乙二胺四乙酸二钠（EDTA）标准滴定溶液滴定锌离子，根据EDTA标准滴定溶液的消耗量，确定氧化锌含量。

分析步骤。称取约2.0克试样（精确至0.000 1克），置于250毫升烧杯中，用少许水湿润，加10毫升盐酸溶液（1+1），加50毫升水，加热至试样全部溶解，移入250毫升容量瓶中，用水稀释至刻度，摇匀（必要时，用中速定性滤纸进行干过滤，弃去约50毫升前滤液，收集滤液）。

用移液管移取25毫升试验溶液，置于250毫升锥形瓶中，加50毫升水，5毫升氟化钾溶液，2滴二甲酚橙，摇匀。用氨水溶液调节至红色，加10毫升硫脲饱和溶液、20毫升乙酸-乙酸钠缓冲溶液，4克碘化钾，摇匀。用EDTA标准滴定溶液（≈0.1摩尔／升）滴定至溶液由红色变为亮黄色即为终点。

同时做空白试验，空白试验溶液除不加试样外，其他加入试剂的种类和量（标准滴定溶液除外）与试验溶液相同。

分析结果的计算和表述。以氧化锌的质量分数表示的氧化锌含量

(w_3) 按公式（4-4）计算：

$$w_3 = \frac{(V' - V'_0) \times c_1 \times M_2 \times 10^{-3}}{m \times 25/250} \times 100 \qquad (4\text{-}4)$$

以锌（Zn）的质量分数表示的氧化锌含量（w_4）按公式（4-5）计算：

$$w_4 = \frac{(V' - V'_0) \times c_1 \times M_3 \times 10^{-3}}{m \times 25/250} \times 100 \qquad (4\text{-}5)$$

式中，V'为滴定试验溶液消耗的EDTA标准滴定溶液体积（毫升）；V'_0为滴定空白试验消耗的EDTA标准滴定溶液体积（毫升）；c_1为EDTA标准滴定溶液浓度（摩尔／升）；M_2为氧化锌（ZnO）摩尔质量（克／摩尔）（$M=81.41$）；M_3为锌（Zn）摩尔质量（克／摩尔）（$M=65.41$）。

两次平行测定结果的绝对差值不小于0.3%。

③铅含量测定。

a）方法提要。试样用盐酸溶液溶解，用火焰原子吸收光谱法测量其在283.3纳米处的吸光度，标准添加溶液定量。

b）铅标准工作溶液浓度为0.02克／升。用移液管准确移取2毫升按GB/T 13080—2004配制的铅标准储备溶液，置于100毫升容量瓶中，用水稀释至刻度，摇匀。该溶液现用现配。

c）分析步骤。

试验溶液A的制备。称取约10克试样（精确至0.01克），置于250毫升烧杯中，加少量水润湿，再加40毫升盐酸溶液（1+1），盖上表面皿，加热使其全部溶解。冷却后，全部移入250毫升容量瓶中，用水稀释至刻度，摇匀。此溶液为试验溶液A，保留此溶液用于铅、镉含量的测定。

测定。在一系列100毫升容量瓶中，用移液管各移入25毫升试验溶液A，加1毫升盐酸溶液，再分别加入0毫升、2毫升、3毫升、6毫升铅标准溶液，以下按GB/T 13080—2004中7.2的规定"加水定容至刻度……在波长283.3纳米处测其吸光度"进行操作。以铅质量（毫克）为横坐标、对应的吸光度为纵坐标绘制工作曲线，将曲线反向延长与横坐标相交处，即为试验溶液中铅的质量。

d）分析结果的计算和表述。以质量分数表示的铅含量（w_5）按公式（4-6）计算：

$$w_5 = \frac{m_1 \times 10^{-3}}{m \times 25/250} \times 100 \qquad (4\text{-}6)$$

式中，m_1 为从工作曲线上查出的试验溶液中铅质量（毫克）。

两次平行测定结果的绝对差值不应大于 0.000 2%。

④镉含量测定。

a）方法提要。试样用盐酸溶液溶解，在酸性条件下，有碘化钾存在时镉离子与碘离子形成络合物被甲基异丁酮萃取分离，将有机相喷入乙炔焰原子吸收光谱仪，测定其对特征共振线 228.8 纳米的吸光度，标准添加溶液定量。

b）镉标准工作溶液浓度为 0.001 克／升。见 GB/T 13082—1991 中 3.9，置于 1 000 毫升容量瓶中，用水稀释至刻度，摇匀。该溶液现用现配。

c）分析步骤。试验溶液 A 制备同铅含量测定。在一系列 50 毫升具塞比色管中，用移液管准确加入 15 毫升试验溶液 A，加 1 毫升盐酸溶液，再分别加入 0 毫升、2.00 毫升、4.00 毫升、8.00 毫升镉标准溶液，以下按 GB/T 13082—1991 中 6.2 的规定"依次加入 2 毫升碘化钾溶液……在波长 228.8 纳米处测其吸光度"进行操作，以镉质量（毫克）为横坐标、对应的吸光度为纵坐标绘制工作曲线，将曲线反向延长与横坐标相交处，即为试验溶液中镉的质量。

d）分析结果的计算和表述。以质量分数表示的镉含量（w_6）按公式（4-7）计算：

$$w_6 = \frac{m_1 \times 10^{-3}}{m \times 15/250} \times 100 \qquad (4\text{-}7)$$

两次平行测定结果的绝对差值不应大于0.0001%。

⑤砷含量测定。

a) 方法提要。同GB/T 23947.2—2009中的第3章。

b) 分析步骤。称取约（1±0.01）克试样，置于锥形瓶或广口瓶中，用水稀释至约60毫升。以下操作按GB/T 23947.2—2009中8.2的规定"加6毫升盐酸溶液……"进行测定。同时用移液管移取5毫升砷标准溶液（0.001毫克／毫升），与试样同时同样处理。溴化汞试纸所呈砷斑颜色不得深于标准。

⑥细度测定。

a) 分析步骤。将150微米筛孔的试验筛（符合GB/T 6003.1—2012 R40/3系列要求）按顺序叠好。称取约50克试样（精确至0.1克），置于试验筛中，盖上筛盖，用振筛机振筛1分钟，称量筛下物的质量，精确至0.01克。

b) 分析结果的计算和表述。以质量分数表示的细度含量（w_7）按公式（4-8）计算：

$$w_7 = \frac{m_2}{m} \times 100 \qquad (4-8)$$

式中，m_2为试验筛的筛下物质量（克）。

两次平行测定结果的绝对差值不应大于0.3%。

(3) 检验规则。

①HG/T 2792规定的所有指标项目为出厂检验项目，应逐批检验。

②用相同材料，基本相同的生产条件，连续生产或同一班组生产的饲料级氧化锌为一批。每批产品不超过20吨。

③按GB/T 6678的规定确定采样单元数。采样时，将采样器自袋的中心垂直插入料层深度的3/4处采样。将采出的样品混匀，用四分法缩分至不少于500克。将样品分装于两个清洁、干燥的容器中，密封，并粘贴标签，注明生产厂名、产品名称、批号、采样日期和采样者姓名。一份供检

验用，另一份保存备查，保存时间根据生产企业需求确定。

④检验结果如有指标不符合HG/T 2792要求，应重新自两倍量的包装中采样进行复验，复验结果即使只有一项指标不符合HG/T 2792的要求，则整批产品为不合格。

（4）标识、标签、包装、运输、储存。

①标识。饲料级氧化锌包装袋上应有牢固清晰的标识，内容包括生产厂名、厂址、产品名称、"饲料级"字样、净含量、批号或生产日期、保质期、生产许可证号及标识、HG/T 2792标准号，以及GB/T 191—2008中规定的"怕雨"标识。

②标签。每批出厂的饲料级氧化锌都应附有质量说明书，内容符合GB 10648的规定，包括生产厂名、厂址、产品名称、"饲料级"字样、净含量、批号或生产日期、保质期、生产许可证号及标识、HG/T 2792标准号。

③包装。饲料级氧化锌采用双层包装，内包装采用聚乙烯塑料薄膜袋，外包装采用塑料编织袋。包装内袋用维尼龙绳或其他质量相当的绳扎口，或用与其相当的其他方式封口；外袋采用缝包机缝合，缝合牢固，无漏缝或跳线现象，每袋净含量为25千克，也可根据用户要求的规格进行包装。

④运输。饲料级氧化锌在运输过程中，防止雨淋、受热、受潮。禁止与有害、有毒物质及其他污染物品混运。

⑤储存。饲料级氧化锌储存在干燥、通风的专用库房内，禁止与有害、有毒物质及其他污染物品混储，并须下垫垫层，防止受潮；饲料级氧化锌在符合标准规定的包装、运输和储存的条件下，自生产之日起保质期不少于12个月。

3. 检验化验室条件要求　饲料添加剂氧化锌生产企业应在厂区内建有独立的与生产车间和仓储区域分离的检验化验室，装备有齐全的、能够满足与产品质量控制相关的检验化验仪器。检验化验室应当符合以下条件：

（1）配备原子吸收光谱仪、1/10 000分析天平、恒温干燥箱、标准筛以及常规玻璃仪器等检验仪器设备，具备锌含量、除锌外的各种重金属、粒度、水分等项目的检测能力。

（2）检验化验室应当包括天平室、前处理室、仪器室和留样观察室等功能室，使用面积应当满足仪器、设备、设施布局和检验化验工作需要：

①天平室有满足分析天平放置要求的天平台。

②前处理室有能够满足样品前处理和检验要求的通风柜、实验台、器皿柜、试剂柜以及空调等设备设施。

③留样观察室有满足原料和产品储存要求的样品柜。

4. 质量控制与检验化验人员　饲料添加剂氧化锌产品的品控负责人应当具备化学化工、化学分析等相关专业大专以上学历或中级以上技术职称，熟悉饲料法规、原料与产品质量控制、原料与产品检验、产品质量管理等专业知识，并通过现场考核。

同时，生产企业须配备2名以上专职饲料检验化验员。饲料检验化验员应当取得农业部职业技能鉴定机构颁发的饲料检验化验员职业资格证书或与生产产品相关的省级以上医药、化工、食品行业管理部门核发的检验类职业资格证书，并通过现场操作技能考核。

（五）原料及产品仓储要求

1. 饲料添加剂氧化锌生产所需原料仓储要求　采用化学反应法生产所需仓储设施应当满足原料（硫酸、次氧化锌、碳酸钠或碳酸氢钠或碳酸氢铵）、辅料（锌粉、双氧水）等、氧化锌成品、包装材料、备品备件储存要求。另外，仓储设施还应具有防霉、防潮、防鼠等功能。同时，按照危险化学品、易燃易爆品管理的原料的储存须符合相关行业管理规定。

2. 饲料添加剂氧化锌产品仓储要求　饲料添加剂氧化锌应储存于满足产品储存要求的通风、干燥且具有防潮等功能的指定成品库中。

（六）产品应用及发展趋势

作为饲料中主要的锌元素来源和抗腹泻剂，氧化锌已被广泛应用于各种养殖动物生产。实际生产中使用高剂量氧化锌对控制乳仔猪腹泻确实起到抗生素、高铜、植物精油等抗菌物质无法实现的效果，明显提高乳仔猪的成活率，但是长期使用高剂量氧化锌也出现养殖动物被毛粗长乱、皮肤无光泽等现象，以及影响后期生长发育和造成环境污染等问题。因此，我国农业部发布的1224号公告对氧化锌在各种动物饲料中的添加剂量进行了严格限制。

表4-3　农业部1224号公告中对于氧化锌的安全使用规范

化合物通用名称	化合物英文名称	分子式或描述	来源	含量规格（%）		适用动物	在配合饲料或全混合日粮中的推荐添加量（以元素计）（毫克／千克）	在配合饲料或全混合日粮中的最高限量（以元素计）（毫克／千克）	其他要求
				以化合物计	以元素计				
氧化锌	Zinc Oxide	ZnO	化学制备	≥95.0	≥76.3	养殖动物	猪 4～120 肉鸡 80～180 肉牛 30 奶牛 40	代乳料 200 鱼类 200 宠物 250 其他动物 150	仔猪断奶后前2周配合饲料中氧化锌形式的锌的添加量不超过2 250毫克/千克

对于防止仔猪腹泻的高锌日粮，氧化锌发挥作用的主要形态为氧化锌本身，而非Zn^{2+}，发挥作用的位点主要在肠道。由于氧化锌本身的特性，在胃中有部分释放，使实际到达肠道的有效氧化锌数量大大降低。若采用包被技术或缓释技术，既能增强氧化锌在胃酸环境下的稳定性，同时又可保证其在肠道内的正常释放。该技术既可减少氧化锌的饲喂剂量，又能起到抗腹泻的作用，将是未来的研究发展方向。

五、亚硒酸钠

CHAPTER 05

亚 硒 酸 钠

（一）概述

1. 国内生产现状　硒是谷胱苷肽过氧化酶的组成部分，可提高畜禽的生长发育和繁殖机能。亚硒酸钠是养殖动物饲料中一种重要的硒元素强化剂。2015年，我国饲料添加剂亚硒酸钠的总产量约为500吨。全国获得饲料添加剂亚硒酸钠生产许可证书的生产企业有4家，分布在河北、福建、广东3个省份（图5-1）。实际生产的有2家，其中河北有1家，广东有1家，分别占总数的50%和50%，为生产饲料添加剂亚硒酸钠的主要省份。

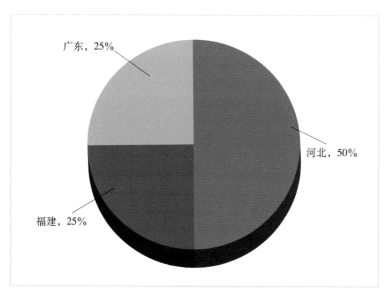

图5-1　全国饲料添加剂亚硒酸钠生产企业分布图

国内饲料添加剂亚硒酸钠的生产主要采用以单质硒粉为原料，经过氧化、碱液中和、浓缩、结晶和干燥等步骤获得饲料级亚硒酸钠的工艺技术。生产企业在实际生产过程中会依据不同的含硒原料，进行一些工艺参数上的调整，但是主体工艺路线没有大的变化。部分企业也会直接以二氧化硒为原料制备亚硒酸钠。

2. 产品功效　饲料添加剂亚硒酸钠主要为动物提供生长所需的硒元素。硒是谷胱苷肽过氧化酶等重要抗氧化酶和含硒蛋白的重要组成成分，饲料中添加亚硒酸钠，可提高动物生长性能，促进动物健康，具体表现在：

（1）增强动物细胞中谷胱甘肽过氧化物酶的抗氧化性活性，保护和修复细胞及组织的氧化损伤，提高红细胞的携氧能力，提高动物免疫能力。

（2）增强含硒蛋白螯合有毒金属离子能力，进而促进动物机体的排毒和解毒。

（3）饲料中添加亚硒酸钠可提高禽类的产蛋率、孵化率和雏育成率，也可以提高家畜对营养物质的利用率和繁育能力。

动物体内缺硒会导致渗出性素质病、肌肉营养性病变、胰营养性萎缩、急性出血性肝坏死、白肌病、桑葚性心脏病和急性循环障碍等。

（二）产品定义及物化特性

1. 定义　饲料添加剂亚硒酸钠是指由氢氧化钠或碳酸钠或碳酸氢钠等和单质硒粉或二氧化硒，在一定的温度、pH和反应时间条件下，通过化学反应而生成的，符合《饲料添加剂品种目录》和饲料添加剂相关标准要求的化合物。

2. 物化特性　亚硒酸钠是无色结晶或结晶性粉末，英文名Sodium Selenite，分子式为Na_2SeO_3，相对分子质量为172.94，溶于水，不溶于乙醇。熔点350℃。有剧毒，口服1克即可致死，LD_{50}（大鼠经口）为7毫克／千克。遇还原剂析出单质硒。

（三）生产工艺

目前，饲料添加剂亚硒酸钠主要由化学合成法进行制备生产。

警示：由于饲料添加剂亚硒酸钠和生产所用的硒原料皆为剧毒物质，因此生产和储运过程应严格执行国家安监部门的相关规定，防止出现人员伤亡和环境危害！

1. **生产原理** 硒粉首先与氧气反应生成二氧化硒，二氧化硒加水反应生成亚硒酸溶液，再与碱液发生中和反应生成亚硒酸钠。

$Se+O_2=SeO_2$

$SeO_2+H_2O= H_2SeO_3$

$H_2SeO_3+2NaOH=Na_2SeO_3+2H_2O$

2. **生产工艺流程** 化学合成法制备饲料添加剂亚硒酸钠的生产工艺流程主要包括：计量、氧化反应、酸碱反应、浓缩结晶、物相分离、干燥、粉碎、筛分、包装等主要工序。其中，以二氧化硒为原料的生产工艺中不包含氧化反应工序，其他与以硒粉为原料的流程一致。图5-2为化学法生产饲料添加剂亚硒酸钠的工艺流程示意图。

如图5-2所示，硒粉首先与氧气反应生成二氧化硒；然后将二氧化硒和水按需要计量后在一定反应条件下反应生成亚硒酸溶液，并按照计量比与碱液发生酸碱中和反应；反应结束后，将生成液浓缩结晶，在离心机中离心分离，固相结晶进行干燥、粉碎和（或）筛分；产品抽样检验合格后称重打包，运送至成品库中储存。

3. **生产过程主要关键控制点** 依据企业采用的制备饲料添加剂亚硒酸钠的生产工艺流程，其生产过程主要关键控制点：计量工段为原料投料比及精度；反应工段为氧化剂用量、碱剂用量、反应温度、pH、反应时间；结晶工段为结晶温度、时间、pH；物相分离工段为物相分离方式；干燥工段为干燥方式、干燥温度，粉碎和（或）筛分工段为粒度；包装工段为产品净含量。

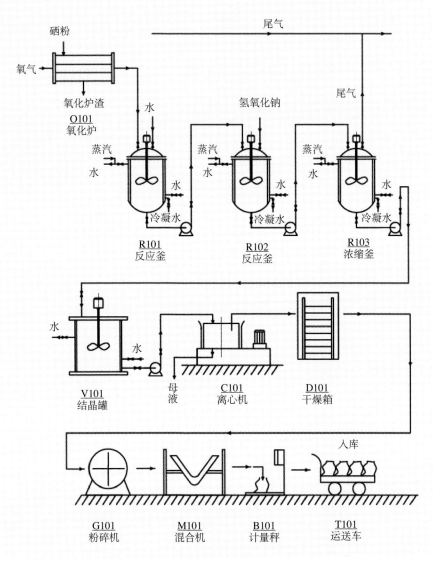

图5-2 化学法生产饲料添加剂亚硒酸钠的工艺流程示意图

4.所需主要生产设备 按照生产工段的不同,饲料添加剂亚硒酸钠所需主要生产设备分为计量器、氧化反应器、酸碱反应器、浓缩设备、结晶器、物相分离设备、干燥设备、粉碎设备、计量包装设备、反应生成废液处理回收装置、除尘设施。其中,干燥设备应能控制温度和具备隔离火源的功能。表5-1为化学合成法生产饲料添加剂亚硒酸钠所需主要具体设备实例。图5-3为实际生产中生产饲料添加剂亚硒酸钠的关键设备。

表5-1　化学合成法生产饲料添加剂亚硒酸钠所需主要具体设备实例

生产工段	设备名称	常见类型	主要技术指标	控制参数	作　　用
氧化反应工段	氧化炉	碳钢	熔化温度300～350℃，氧化温度500～600℃，回收温度为室温	氧气流速、熔化温度、氧化温度、回收温度	制备二氧化硒，脱除杂质
酸碱反应工段	酸化反应釜	外夹套，不锈钢	工作压力0.2～0.4兆帕	搅拌速率、工作温度和压力	制备亚硒酸
	酸碱反应釜	外夹套，不锈钢	工作压力0.2～0.4兆帕	搅拌速率、工作温度和压力	制备亚硒酸钠
	浓缩釜	外夹套	工作压力0.2～0.4兆帕	搅拌速率、工作温度	制备产物
浓缩结晶工段	结晶器	外夹套	工作压力0.2～0.4兆帕	搅拌速率、工作温度	制备产物
	离心机	三足	转速≤3500转/分，转鼓直径≤2000毫米，转鼓容量≤1800升	转速、容量	晶体和母液分离
干燥工段	干燥箱	托盘	热效率70%，配有脉冲式除尘装置	热风进出口温度、流速、布袋除尘效率	产品干燥
粉碎筛分工段	粉碎机		处理能力0.9～2.8吨/小时，主机功率22千瓦	进料粒度、成品粒度、处理能力	物料粉碎
	旋振筛		功率1.5千瓦，处理量2000千克/小时	处理量、筛网目数	物料分级
包装工段	打包机	计量包装			产品包装
后处理净化工段	反应生成废液或废渣处理回收装置				废弃物处理与回收
	反应生成废气处理回收装置				废弃物处理与回收

图 5-3　亚硒酸钠主要生产设备

（四）原料与产品质量检验和控制

1. 饲料添加剂亚硒酸钠生产所需原料品质的评价　饲料级亚硒酸钠的原料主要来自于单质硒、二氧化硒、氢氧化钠或碳酸钠等。生产企业应按照《饲料质量安全管理规范》的要求制定质量管理制度，检测原料中主成分，签有规范的原料采购合同，建立完善的原料采购和检验记录。在检验指标的基础上调整亚硒酸钠的生产工艺，确保产品质量。由于含硒原料为剧毒物质，应按照国家安监部门对于剧毒物品的要求严格管理，以防造成人员伤亡和环境污染！

2. 饲料添加剂亚硒酸钠产品质量标准　饲料级亚硒酸钠产品标准目前执行的是中华人民共和国化工行业标准《饲料级　亚硒酸钠》（HG 2937—1999）。

（1）要求。

①外观。无色结晶粉末。

②理化指标。应符合表 5-2 要求。

表5-2 理化指标

项　　目	指　　标（%）
亚硒酸钠（Na_2SeO_3）（以干基计）	≥98.0
亚硒酸钠（以Se计）（以干基计）	≥44.7
干燥减量	≤1.0
溶解试验	全溶，清澈透明
硒酸盐及硫酸盐	≤0.03

（2）试验方法。

①鉴别试验。

a）亚硒酸根离子鉴别。取少许试样，加入5毫升水溶解，加5滴乙二胺四乙酸二钠溶液、5滴甲酸溶液。用盐酸溶液调节溶液pH至2～3（pH试纸检验），加5滴硒试剂溶液（盐酸-3，3-二氨基联苯胺，5克／升），振摇，放置10分钟，即产生黄色沉淀。

b）钠离子鉴别。用铂丝蘸取盐酸溶液，在无色火焰中燃烧至无色。蘸取试样，在火焰上燃烧，火焰呈黄色。

②亚硒酸钠含量测定。

a）方法提要。在强酸性介质中，亚硒酸钠与碘化钾发生氧化-还原反应产生游离碘，用硫代硫酸钠标准滴定溶液滴定产生的游离碘，以淀粉为指示剂，根据颜色变化判断反应终点。

b）分析步骤。称取约0.1克预先在105～110℃下烘干恒重的试样（精确至0.0001克），置于250毫升碘量瓶中，加100毫升水使其溶解，加入2克碘化钾、10毫升三氯甲烷和5毫升盐酸溶液（1+1），摇匀，在暗处放置5分钟，用硫代硫酸钠标准滴定溶液（约0.1摩尔／升）滴定，近终点时（溶液由棕红色变为淡黄色）加2毫升淀粉指示剂，强力振摇1分钟，继续滴定至水层蓝色消失。同时做空白试验。

c）分析结果的计算和表述。以质量分数表示的亚硒酸钠（Na_2SeO_3）含量（w_1）按公式（5-1）计算：

$$w_1 = \frac{(V_1 - V_2) \times c \times 0.043\,23}{m} \times 100 \qquad (5\text{-}1)$$

以质量分数表示的亚硒酸钠（以 Se 计）含量（w_2）按公式（5-2）计算：

$$w_2 = \frac{(V_1 - V_2) \times c \times 0.019\,74}{m} \times 100 \qquad (5\text{-}2)$$

式中，c 为硫代硫酸钠标准滴定溶液实际浓度（摩尔/升）；V_1 为滴定试验溶液消耗硫代硫酸钠标准滴定溶液体积（毫升）；V_2 为滴定空白试验溶液消耗硫代硫酸钠标准滴定溶液体积（毫升）；m 为试样质量（干基）（克）；0.043 23 为与 1.00 毫升硫代硫酸钠标准滴定溶液 $[c(Na_2S_2O_2) = 1.000$ 摩尔/升] 相当的、以克表示的亚硒酸钠质量；0.019 74 为与 1.00 毫升硫代硫酸钠标准滴定溶液 $[c(Na_2S_2O_2) = 1.000$ 摩尔/升] 相当的、以克表示的硒质量。

平行测定结果的绝对差值以 Na_2SeO_3 计不大于 0.3%。

③干燥减量测定。

a）分析步骤。称取约 1 克试样（精确至 0.000 1 克），置于已于 105 ~ 110℃ 下干燥至恒重的称量瓶中，置于电热恒温干燥箱中，在 105 ~ 110℃ 下干燥至恒重。

b）分析结果的计算和表述。以质量分数表示的干燥减量（w_3）按公式（5-3）计算：

$$w_3 = \frac{m_1 - m_2}{m} \times 100 \qquad (5\text{-}3)$$

式中，m_1 为干燥前称量瓶和试样质量（克）；m_2 为干燥后称量瓶和试样质量（克）。

平行测定结果的绝对差值不大于 0.1%。

④溶解试验。称取约1克试样（精确至0.01克），置于试管中，加入10毫升水溶解。试样应全部溶解，溶液应清澈透明。

⑤硒酸盐及硫酸盐含量测定。

a）方法提要。在试样中加入碳酸钠和盐酸溶液，反复蒸干后，用稀酸溶解残渣，加入氯化钡溶液，与标准比浊液进行比浊。

b）分析步骤。称取约（0.50±0.1）克试样（精确至0.0001克），置于瓷蒸发皿中，加入0.02克碳酸钠和10毫升盐酸，在通风橱中于蒸气浴上缓慢蒸发溶液至干。用5毫升盐酸冲洗瓷蒸发皿的四周，并再一次蒸发至干。用15毫升热水和1毫升盐酸组成的混合溶液溶解残渣，将溶液转移至50毫升比色管中，加氨水溶液中和，至红色石蕊试纸变蓝。加1毫升盐酸溶液（1+1）、2毫升氯化钡溶液（100克／升），加水至刻度，摇匀，放置10分钟后比浊。其浊度不得深于标准比浊溶液产生的浊度。

标准比浊溶液是用移液管移取1.5毫升硫酸盐标准溶液（0.1毫克／毫升硫酸根），置于50毫升比色管中，加1毫升盐酸溶液（1+1）、2毫升氯化钡溶液（100克／升），加水至刻度，摇匀。

（3）检验规则。

①本标准规定的所有项目为出厂检验项目。

②每批产品不超过1吨。

③按GB/T 6678—1986中6.6的规定确定采样单元数。采样时，将采样器自包装容器口斜插至料层溶度的3/4处采样。将采得的样品混匀后，按四分法缩分至不少于500克，分装于两个清洁干燥具塞的广口瓶中，密封。瓶上粘贴标签，注明生产厂名、产品名称、批号、采样日期和采样者姓名。1瓶用于检验，另1瓶保存3个月备查。

④饲料级亚硒酸钠应由生产厂的质量检验部门按照本标准的规定进行检验，生产厂应保证所有出厂的饲料级亚硒酸钠都符合本标准的要求。

⑤检验结果如有一项指标不符合本标准要求时，应自两倍量的包装中重新采样复验。复验结果即使只有一项指标不符合本标准的要求，则整批产品为不合格。

（4）标识、标签、包装、运输、储存

①标识。饲料级亚硒酸钠包装上应有牢固清晰的标识，内容包括生产厂名、厂址、产品名称、商标、净含量、批号或生产日期、产品质量符合本标准的证明及本标准编号和按GB 190中规定的"剧毒品"标识。

②标签。每批出厂的饲料级亚硒酸钠都应附有按GB 10648要求印刷的牢固清晰的标签。

③包装。饲料级亚硒酸钠采用两种包装方式。硬纸板桶包装：内包装采用聚乙烯塑料薄膜袋，厚度不得小于0.1毫米；外包装采用硬纸板桶，其桶身边缘用钢带加固，桶顶、盖、底板厚度不小于8毫米。每桶净含量25千克；塑料瓶包装：采用塑料瓶包装，其壁厚最薄处不得小于0.5毫米，每瓶净含量1千克。将一定数量的塑料瓶装入纸箱，其性能和检验方法应符合GB/T 15346中的有关规定。饲料级亚硒酸钠采用硬纸板桶包装时，包装内袋采用尼龙绳两次扎紧，或用与其相当的其他方式封口；外桶用钢带箍圈将桶身与桶盖扣紧，插销插牢。采用塑料瓶包装时，内外盖要盖严、压严、拧紧。

④运输。饲料级亚硒酸钠在运输中严禁包装破损、倒置，防止日晒、雨淋。严禁与其他物品混运。

⑤储存。饲料级亚硒酸钠应储存于阴凉、干燥的地方，严禁与其他物品混储。

（5）安全。

①本品剧毒，必须经过预混、稀释后按有关规定添加到饲料中，并按剧毒品管理办法销售和使用。

②使用本品时，应穿戴好工作服、手套和口罩，避免本品与皮肤直接接触和吸入人体。

3. 检验化验室条件要求　饲料级亚硒酸钠生产企业应当在厂区内设置独立检验化验室，并与生产车间和仓储区域分离。检验化验室应当符合以下条件：

（1）配备满足开展企业生产产品执行标准中所规定的出厂检验项目检

验所需的仪器。

（2）检验化验室应当包括天平室、理化分析室和留样观察室等功能室，使用面积应当满足仪器、设备设施布局和开展检验化验工作需要：

①天平室有满足分析天平放置要求的天平台。

②理化分析室有能够满足亚硒酸钠样品理化分析和检验要求的通风柜、实验台、器皿柜、试剂柜等设施。如有同时开展高温或明火操作和易燃试剂操作的试验，还应分别设立独立的操作区和通风柜。

③留样观察室有满足产品和原料储存要求的样品柜。

4. 质量控制与检验化验人员　饲料添加剂亚硒酸钠产品的品控负责人具备化工技术类、制药技术类、畜牧兽医类、水产养殖类、食品药品管理类等相关专业之一的大专以上学历或中级以上技术职称，熟悉饲料法规、原料与产品质量控制、原料与产品检验、产品质量管理等专业知识，并通过现场考核。同时，生产企业应当配备2名以上专职检验化验员。检验化验员应当取得农业部职业技能鉴定机构颁发的饲料检验化验员职业资格证书或与生产亚硒酸钠产品相关的省级以上技术监督、医药、化工或食品行业管理部门核发的检验类职业资格证书，并通过现场操作技能考核。

（五）原料及产品仓储要求

1. 饲料添加剂亚硒酸钠生产所需原料仓储要求　生产所需仓储设施应当满足原料（单质硒粉、二氧化硒粉、氢氧化钠、碳酸钠、碳酸氢钠等）、包装材料、备品备件储存要求。硒原料应按照国家安监部门对于剧毒物品的储存要求进行保管。另外，仓储设施还应具有防霉等功能。同时，按照危险化学品、易燃易爆品管理的原料的储存须符合相关行业管理规定。

2. 饲料添加剂亚硒酸钠产品仓储要求　饲料添加剂亚硒酸钠成品应储存于阴凉、干燥的指定成品库中，严禁与其他物品混储，并按照国家安监部门对于剧毒物品的储存要求进行保管。

（六）产品应用及发展趋势

作为饲料中主要的硒元素来源，亚硒酸钠被广泛应用于动物养殖行业。但亚硒酸钠本身具有很高的毒性，添加量过多会造成动物中毒，生物利用率降低，还会造成环境污染。因而在配合饲料中，亚硒酸钠既有基本的推荐剂量，又有最高限量。

表5-3　农业部1224号公告中对于亚硒酸钠的安全使用规范

化合物通用名称	化合物英文名称	分子式或描述	来源	含量规格（%）		适用动物	在配合饲料或全混合日粮中的推荐添加量（以元素计）（毫克／千克）	在配合饲料或全混合日粮中的最高限量（以元素计）（毫克／千克）	其他要求
				以化合物计	以元素计				
亚硒酸钠	Sodium Selenite	Na_2SeO_3	化学制备	≥98.0（以干基计）	≥44.7（以干基计）	养殖动物	畜禽 0.1～0.3 鱼类 0.1～0.3	0.5	使用时应先制成预混剂，且产品标签上应标示最大硒含量

硒的存在形式有无机硒和有机硒两种。常见的无机硒有亚硒酸钠和硒酸钠，有机硒主要为硒代氨基酸（如硒代蛋氨酸）、硒蛋白、硒多糖（硒麦芽）和富硒酵母。动物对无机硒的吸收是靠肠道的被动扩散，而对有机硒的吸收是通过主动运输的形式，因此对养殖动物而言，有机硒的吸收效率远高于无机硒。另外，饲料添加剂亚硒酸钠的高毒性对动物和人类构成了一定的潜在威胁，而有机硒毒性较低，副作用小，故有机硒取代无机硒将是含硒类饲料添加剂未来的主要发展趋势。

六、乳　酸　钙

乳 酸 钙

（一）概述

1. 国内生产现状　钙是骨骼和牙齿的主要成分，在动物生长过程中具有重要的生理功能。乳酸钙是动物饲料添加剂中的一种营养强化剂。2015年，我国饲料添加剂乳酸钙的总产量约为300吨。至2016年，全国获得饲料添加剂乳酸钙生产许可证书的企业有5家，分布在河南、山西、山东、安徽4个省份（图6-1）。实际生产的有4家。其中，河南有2家，山西有1家，安徽有1家分别占总数的40%、20%和20%，为国内生产饲料添加剂

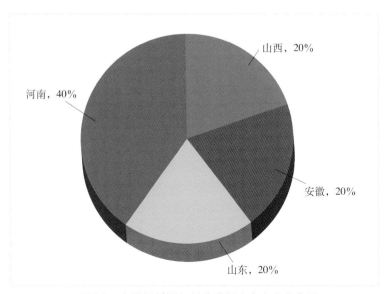

图6-1　全国饲料添加剂乳酸钙生产企业分布图

乳酸钙的主要省份。

国内饲料添加剂乳酸钙的生产主要采用食品级乳酸为原料，经过碳酸钙中和反应、精制除杂、结晶、过滤、干燥获得饲料级乳酸钙的工艺技术。不同的企业会有不同的工艺调整，但是主体工艺路线没有变化。另外，一些企业会采用玉米淀粉为原料，进行深层发酵获得乳酸，再加入碳酸钙中和获得乳酸钙。

2. 产品功效 钙可维持细胞的正常生理状态，细胞内的钙离子是细胞对刺激产生反应的媒介。钙和受体钙等共同调节机体许多重要的生理功能，包括骨骼肌和心肌的收缩、平滑肌、非肌肉细胞活动及神经兴奋的维持。另外，目前已知至少有4种依赖维生素K的钙结合蛋白参与血液凝固过程，即钙离子存在时才可能完成级联反应，最后使可溶性纤维蛋白原转变为纤维蛋白，形成凝血。钙对动物的重要作用是不可替代的，钙缺乏病是常见的营养性疾病。

乳酸钙中的钙是动物体内含量最大的无机盐成分，约占体重的2%。钙主要以羟磷灰石形式存在，是形成和维持骨骼、牙齿结构的主要成分，占总量的99%。其余的1%中一半与柠檬酸螯合或与蛋白质结合，另一半则以离子状态存在于软组织细胞外液及血液中，为循环钙池。骨骼中的钙不断地在破骨细胞的作用下释放出来进入混溶钙池，而混溶钙池中的钙又不断地沉积于骨中，从而使骨骼中的钙不断得以补充更新，即为骨更新。在饲料中添加乳酸钙作为钙的补充剂具有以下优点：

（1）乳酸钙比葡萄糖酸钙、碳酸钙和磷酸钙的生物利用率都高，对于促进动物的生长发育意义重大，是畜禽水产养殖首选的最易吸收的有机钙制剂。

（2）乳酸钙是水溶性有机酸钙盐，其钙离子易被畜禽吸收利用，同时游离出乳酸，可降低胃肠道中pH，有利于激活胃蛋白酶原，提高饲料消化率，防止胃肠道中致病菌生长，促进有益嗜酸性微生物的繁殖，还可起到有机酸螯合作用，促进矿物质吸收。在反刍家畜中乳酸可参与体内脂肪酸代谢，不仅可以提高10%～15%的产奶量，也可提高鲜奶中的乳脂率。

（二）产品定义及物化特性

1.定义　饲料添加剂乳酸钙是指由乳酸和碳酸钙（或氢氧化钙），在一定的温度、pH和反应时间条件下，通过化学反应而生成的、符合《饲料添加剂品种目录》和饲料添加剂相关标准要求的化合物。包括无水乳酸钙、一水乳酸钙、三水乳酸钙和五水乳酸钙。

2.物化特性　无水乳酸钙为白色或几乎白色颗粒或粉末，也称 α-羟基-丙酸钙，即L-乳酸钙，英文名Calcium Lactate，分子式为 $(CH_3CHOHCOO)_2Ca$，相对分子质量为218.3，无异味、微有风化性，易溶于热水，几乎不溶于乙醇、乙醚和氯仿。易吸水形成一水乳酸钙、三水乳酸钙和五水乳酸钙。

一水乳酸钙也是白色颗粒或粉末，是无水乳酸钙吸收一分子的水形成，英文名Calcium Lactate Monohydrate，分子式为 $(CH_3CHOHCOO)_2Ca \cdot H_2O$，相对分子质量为236.3，失水可形成无水乳酸钙，吸水形成三水乳酸钙和五水乳酸钙。

三水乳酸钙也为白色颗粒或粉末，是由无水乳酸钙吸收三分子水或一水乳酸钙吸收两分子水形成，英文名Calcium Lactate Trihydrate，分子式为 $(CH_3CHOHCOO)_2Ca \cdot 3H_2O$，相对分子质量为254.3，失水可形成无水乳酸钙或一水乳酸钙，吸水形成五水乳酸钙。

五水乳酸钙为白色颗粒或粉末，也被称作 α-羟基-丙酸钙五水化合物，是乳酸钙存在的稳定形式，英文名Calcium Lactate Pentahydrate，分子式为 $(CH_3CHOHCOO)_2Ca \cdot 5H_2O$，相对分子质量为308.3，无异味，口尝味苦。易溶于热水成透明或微混浊的溶液，水溶液的pH为6.0～7.0，冷水溶解度较低，不溶于乙醇、氯仿和乙醚。微有风化性，在空气中易风化，加热至120℃失去结晶水。具有溶解度高、溶解速度快、生物利用率高、口感好等特性，广泛应用于饲料行业，用于提高畜禽对饲料中各种营养成分的吸收利用率。

（三）生产工艺

目前，饲料添加剂乳酸钙生产主要是采用化学法进行制备。

1.生产原理　乳酸与碳酸钙在一定反应温度、反应时间条件下进行反应生成乳酸钙。

$$2CH_3CHCOOH + CaCO_3 = (CH_3CHCOO)_2Ca + CO_2\uparrow + H_2O$$

2.工艺流程　化学法制备生产饲料添加剂乳酸钙的主要工艺流程包括计量、中和反应、结晶、离心分离、干燥、粉碎、包装等主要工序。图6-2为化学法生产饲料添加剂乳酸钙的工艺流程示意图。

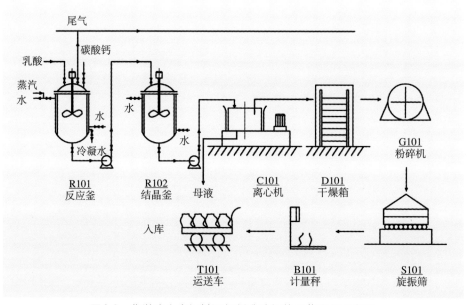

图6-2　化学法生产饲料添加剂乳酸钙的工艺流程示意图

如图6-2所示，原料乳酸与碳酸钙按需要计量后，在一定反应温度、反应时间条件下进行中和反应生成乳酸钙；经过冷却结晶，过滤分离，获得膏状乳酸钙；最后通过干燥脱水、粉碎和（或）筛分，产品抽样检验合格后称重打包，运送至成品库中储存。

3. 生产过程主要关键控制点　根据企业采用的化学法制备饲料添加剂乳酸钙的生产工艺流程，其生产过程主要关键控制点：在计量与反应工段为原料投料比及精度、中和反应温度、反应时间；结晶与分离工段为结晶温度、结晶时间、结晶方式、过滤分离方式及产物中杂质含量；干燥与粉碎工段为干燥方式、干燥温度、粉碎方式和产品粒度；包装工段为产品净含量。

4. 所需主要生产设备　按照不同生产工段，化学法制备饲料添加剂乳酸钙所需主要生产设备划分为计量器、中和反应器、结晶器、过滤设备、干燥设备、粉碎设备、计量设备、包装设备、反应生成废液处理回收装置、除尘设施。其中，干燥设备应能控制温度和具备隔离火源的功能。表6-1为化学法生产饲料添加剂乳酸钙所需主要具体生产设备实例。图6-3为实际生产中生产饲料添加剂乳酸钙的关键设备。

表6-1　化学法生产饲料添加剂乳酸钙所需主要具体设备实例

生产工段	设备名称	常见类型	主要技术指标	控制参数	作用
计量与反应工段	原料储罐	聚丙烯	常压，耐酸	压力、温度、体积、耐腐蚀性	原料储存
	计量泵	塑料合金	流量，耐酸	扬程，流量	原料运送
	中和反应釜	外夹套，不锈钢	工作压力0.2～0.4兆帕	搅拌速率、工作温度和压力	制备产物生成液
结晶与分离工段	结晶器	外夹套	工作压力0.2～0.4兆帕	搅拌速率、工作温度	析出产物
	三足离心机	不锈钢	转速≤3 500转/分，转鼓直径≤2 000毫米，转鼓容量≤1 800升	转速、容量	晶体和母液分离
干燥与粉碎工段	干燥箱	托盘	热效率70%，配有脉冲式除尘装置	热风进出口温度、流速、除尘效率	产品干燥
	粉碎机	雷蒙	最大进料粒度20毫米，成品粒度0.045～0.8毫米，处理能力0.9～2.8吨/小时，主机功率22千瓦	进料粒度、成品粒度、处理能力	物料粉碎
	旋振筛		功率1.5千瓦，处理量2 000千克/小时	处理量、筛网目数	物料分级

(续)

生产工段	设备名称	常见类型	主要技术指标	控制参数	作　　用
包装工段	打包机	计量包装			产品包装
后处理净化工段	反应生成废液或废渣处理回收装置				废弃物处理与回收
	反应生成废气处理回收装置				废弃物处理与回收

图6-3　乳酸钙主要生产设备

（四）原料与产品质量检验和控制

1. 饲料添加剂乳酸钙生产所需原料品质的评价　饲料级乳酸钙的原料主要来自于食品级乳酸。生产企业应按照《饲料质量安全管理规范》的要求制定质量管理制度，检测原料中乳酸主成分、杂质，尤其是砷、铅等重金属，签有规范的原料采购合同，建立完善的原料采购和检验记录。在检验指标的基础上调整乳酸钙的生产工艺，确保产品质量。

2. 饲料添加剂乳酸钙产品质量标准　饲料级乳酸钙产品标准目前执行的是中华人民共和国农业行业标准《饲料用乳酸钙》(NY/T 931—2005)。但干燥失重项缺少无水乳酸钙和一水乳酸钙的规定，且重金属试验方法有误，厂家可参照GB/T 1886.21—2016制定自己的企业标准。

（1）要求。

①外观。白色或乳白色晶形粉末或粒状，无嗅。

②理化指标。应符合表6-2要求。

表6-2 理化指标

项 目	指 标
乳酸钙（干基）（%）	≥97
溶解度	合格
干燥失重（%）	＜21（3水盐） ＜28（5水盐）
游离酸（以乳酸计）（%）	≤0.45
游离碱（以NaOH计）（%）	≤0.05
挥发性脂肪酸	不得检出
镁及碱金属（%）	≤1.5
砷（以As计）[（mg/kg）]	≤3
重金属（以Pb计）[（mg/kg）]	≤20

（2）试验方法。

①鉴别试验。

a）乳酸根离子鉴别。称取约1克试样于50毫升烧杯中，加20毫升水溶解，取10毫升，滴加硫酸使其呈酸性，加0.1摩尔/升的高锰酸钾溶液3～5滴，加热，即发生乙醛的特殊臭味。

b）钙离子鉴别。在10毫升样品溶液中滴加草酸铵溶液（40克/升）3～5滴，产生白色沉淀，沉淀能溶于盐酸，不溶于乙酸。

②乳酸钙含量测定。

a）分析步骤。称取约0.35克试样（精确至0.0001克），置于250毫升三角瓶，准确加入25毫升 EDTA标准滴定溶液（约0.05摩尔/升）、5毫升氢氧化钠溶液（100克/升）、0.1克钙混合指示剂后，继续用EDTA标准滴定溶液滴定至蓝色。

b）分析结果的计算和表述。以质量分数表示的乳酸钙含量（w_1）按公式（6-1）计算：

$$w_1 = \frac{V \times c \times 0.218\,2}{m} \times 100 \qquad (6\text{-}1)$$

式中，V 为滴定试样时消耗的EDTA标准滴定溶液体积（毫升）；c 为EDTA标准滴定溶液浓度（摩尔/升）；m 为试样质量（克）；0.218 2为与1.00毫升EDTA 标准滴定溶液[c (EDTA) =1.000摩尔/升]相当的、以克表示的乳酸钙质量。

两次平行测定结果的绝对差值不大于0.5%。

③溶解度测定。称取约1克试样（精确至0.000 1克），置于比色管中，加入20毫升水，在水浴上加热溶解，溶液应无色，澄清。

④干燥失重。按GB/T 6435规定方法测定。

⑤游离酸及游离碱测定。

a）分析步骤。称取约1克试样（精确至0.000 1克），溶于20毫升无二氧化碳水中，加2滴酚酞指示液，用氢氧化钠标准滴定溶液（0.01摩尔/升）滴定。滴定消耗量不超过5.0毫升或用盐酸标准滴定溶液（0.01摩尔/升）滴定，消耗量不超过1.25毫升。

b）分析结果的计算和表述。以质量分数表示的游离酸含量（w_2）按公式（6-2）计算：

$$w_2 = \frac{c_1 \times V_1 \times 0.09}{m} \times 100 \qquad (6\text{-}2)$$

式中，c_1 为氢氧化钠标准滴定溶液浓度（摩尔/升）；V_1 为滴定消耗的氢氧化钠标准滴定溶液体积（毫升）；0.09为与1.00毫升氢氧化钠标准滴定溶液[$c_{(NaOH)}$ =1.000摩尔/升]相当的、以克表示的乳酸质量。

c）分析结果的计算和表述。以质量分数表示的游离碱含量（w_3）按公式（6-3）计算：

$$w_3 = \frac{c_2 \times V_2 \times 0.04}{m} \times 100 \qquad (6\text{-}3)$$

式中，c_2 为盐酸标准滴定溶液浓度（摩尔/升）；V_2 为滴定消耗的盐酸标准滴定溶液体积（毫升）；0.04 为与 1.00 毫升盐酸标准滴定溶液 [$c_{(NaOH)}$ = 1.000 摩尔/升] 相当的、以克表示的氢氧化钠质量。

⑥挥发性脂肪酸测定。称取约 0.5 克试样（精确至 0.000 1 克）。置于干燥的蒸发皿中，加入 1 毫升硫酸，在水浴上加热，不应有脂肪酸味逸出。

⑦镁及碱金属测定。

a）分析步骤。称取约 1 克试样（精确至 0.000 1 克），加热溶于 40 毫升水中，加 40 毫升草酸溶液（50 克/升）、2 滴甲基红指示液，用氨水中和至溶液呈黄色，稀释至 100 毫升摇匀。放置过夜，过滤，准确量取 50 毫升滤液于 100 毫升烧杯中，加 1 毫升硫酸，在水浴上蒸发至近干，加热至硫酸蒸气逸尽。残渣用 25 毫升热水浸取，过滤，滤液置于恒重的坩埚中，蒸干，炭化至冒尽白烟，移入（800±15）℃的马福炉中灼烧 3 小时，冷却 40 分钟，称量。残渣质量不得大于 7.5 毫克。

b）分析结果的计算和表述。以质量分数表示的镁及碱金属含量（w_4）按公式（6-4）计算：

$$w_4 = \frac{(m_1 - m_0) \times V_3}{m \times V_4} \times 100 \tag{6-4}$$

式中，m_1 为灼烧后坩埚加残渣质量（克）；m_0 为恒重空坩埚质量（克）；V_3 为试样溶解液总体积（毫升）；V_4 为从试样分解液中分取体积（毫升）。

⑧砷的测定。按 GB/T 13079 规定的方法测定。

（3）标签、包装、运输、储存。

①标签。应符合 GB 10648—2013 的要求。

②包装。本产品装入铝箔、聚乙烯袋等适当材料的包装袋中，产品规格可根据用户要求自定。

③运输。本产品在运输过程中防止雨淋和受潮，不得与有毒有害或其

他有污染的物品混装、混运。

④储存。本产品应储存在干燥、通风、清洁、卫生的室内仓库里。避免雨淋和受潮，不得与有毒物品混存；在干燥阴凉的储存条件下，在原包装中可以保质两年。

3. 检验化验室条件要求 饲料级乳酸钙生产企业应在厂区内建有独立的与生产车间和仓储区域分离的检验化验室，装备有齐全的、能够满足与产品质量控制相关的检验化验仪器。检验化验室应当符合以下条件：

（1）配备满足开展企业生产产品执行标准中所规定的出厂检验项目检验所需的仪器。

（2）检验化验室应当包括天平室、理化分析室或前处理室、仪器室和留样观察室等功能室，使用面积应当满足仪器、设备设施布局和开展检验化验工作需要。

①天平室有满足分析天平放置要求的天平台。

②理化分析室有能够满足乳酸钙样品理化分析和检验要求的通风柜、实验台、器皿柜、试剂柜；前处理室有能够满足乳酸钙样品前处理和检验要求的通风柜、实验台、器皿柜、试剂柜、气瓶柜或气瓶固定装置以及空调等设施；同时开展高温或明火操作和易燃试剂操作的试验，还应分别设立独立的操作区和通风柜。

③留样观察室有满足产品和原料储存要求的样品柜。

4. 质量控制与检验化验人员 饲料添加剂乳酸钙产品的品控负责人具备化工技术类、制药技术类、畜牧兽医类、水产养殖类、食品药品管理类等相关专业之一的大专以上学历或中级以上技术职称，熟悉饲料法规、原料与产品质量控制、原料与产品检验、产品质量管理等专业知识，并通过现场考核。

同时，生产企业应当配备2名以上专职检验化验员。检验化验员应当取得农业部职业技能鉴定机构颁发的饲料检验化验员职业资格证书或与生产乳酸钙产品相关的省级以上质量、医药、化工或食品行业管理部门核发的检验类职业资格证书，并通过现场操作技能考核。

（五）原料及产品仓储要求

1.饲料添加剂乳酸钙生产所需原料仓储要求　生产所需仓储设施应当满足原料（乳酸、碳酸钙）、乳酸钙成品包装材料、备品备件储存要求。另外，仓储设施还应具有防霉、防潮、防鼠等功能。同时，按照危险化学品、易燃易爆品管理的原料的储存须符合相关行业管理规定。

2.饲料添加剂乳酸钙产品仓储要求　饲料用乳酸钙应储存在满足产品储存要求的通风、干燥、清洁、卫生且具有防潮等功能的指定成品库。避免雨淋和受潮，不得与有毒物品混存。

（六）产品应用及发展趋势

乳酸钙作为饲料添加剂，为动物提供生长所需的钙元素，已被应用于饲料生产和畜禽水产养殖。然而，饲料中的钙含量过高会因脱磷作用造成磷不足，也会影响镁、锌、锰和铁等微量元素的利用，致使骨质疏松，导致动物软骨病的发生。因而饲料中的乳酸钙也应按照基本的推荐剂量进行添加。

表6-3　农业部1224号公告中对于乳酸钙的安全使用规范

化合物通用名称	化合物英文名称	分子式或描述	来源	含量规格（%）		适用动物	在配合饲料或全混合日粮中的推荐添加量（%）	其他要求
				以化合物计	以元素计			
乳酸钙	Calcium Lactate	$C_6H_{10}O_6Ca$ $C_6H_{10}O_6Ca \cdot H_2O$ $C_6H_{10}O_6Ca \cdot 3H_2O$ $C_6H_{10}O_6Ca \cdot 5H_2O$	化学制备或发酵生产	≥97.0（以$C_6H_{10}O_6Ca$计，干基）	Ca≥17.7（以$C_6H_{10}O_6Ca$计，干基）	养殖动物	猪0.4~1.1 肉禽0.6~1.0 蛋禽0.8~4.0 牛0.2~0.8 羊0.2~0.7（以Ca元素计）	摄取过多钙会导致钙磷比例失调并阻碍其他微量元素的吸收

尽管饲料添加剂乳酸钙在饲料加工和动物养殖行业中已被认为是一种优良的促生长剂，但是与目前被广泛使用的其他无机钙源饲料添加剂相比，在应用成本上还处于劣势，其在饲料和动物养殖上的优势和特点没有被很好地挖掘出来。因此，如何充分地利用好乳酸钙仍是一个重要的科学问题。随着科学的发展和进步，作为一种有机钙制剂，饲料添加剂乳酸钙必将会在实际应用中充分发挥出其独特的生物学功效。

七、吡啶甲酸铬

CHAPTER 07

吡啶甲酸铬

（一）概述

1. **国内生产现状** 铬（Cr^{3+}）是动物生长过程中所必需的微量元素，吡啶甲酸铬是在饲料中添加的用于补充铬的有机铬类微量元素添加剂。2015年，饲料添加剂吡啶甲酸铬的产量约为100吨。至2016年，全国获得饲料添加剂吡啶甲酸铬生产许可证书的生产企业共计有11家，主要分布在山东、四川、河北、黑龙江、上海、湖北、陕西7个省（直辖市）（图7-1）。其中，山东有4家，四川有2家，分别占总数的37%和18%，为国内生产饲料添加剂吡啶甲酸铬的主要省份。

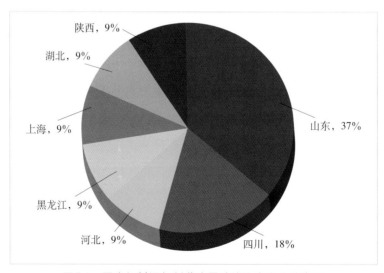

图7-1 国内饲料添加剂吡啶甲酸铬生产企业分布图

2. 产品功效

（1）铬是人和动物的必需微量元素，作为葡萄糖耐受因子（Glucose Tolerance Factor，GTF）的主要组成部分，能增强胰岛素的生理效应。如果缺乏足够的GTF，胰岛素的作用会受到抑制，从而影响葡萄糖和重要氨基酸的运输及血糖的正常水平。铬在体内通过形成葡萄糖耐受因子，协同胰岛素参与机体的碳水化合物、脂肪和蛋白质代谢，可降低腹脂，促进氨基酸进入细胞，从而促进蛋白质的合成，有利于肌肉和其他组织蛋白质的沉积。

（2）铬还参与多种细胞免疫的调节作用，提高免疫球蛋白，增强机体免疫力，提高机体应对各种应激，特别是缓解热应激的能力。吡啶甲酸铬对缓解热应激有明显的促进作用。

（3）吡啶甲酸铬为有机铬，其生物利用率较无机铬高，吡啶甲酸铬属于脂溶性非电解质，可顺利通过细胞膜直接作用于组织。已有的研究结果表明，添加吡啶甲酸铬能促进动物的生长，改善酮体品质，提高瘦肉率；它还能影响动物的内分泌和生殖机能，如缩短母猪返情间隔，提高窝产仔数，提高仔猪存活率等。

（二）产品的定义及物化特性

1. **定义**　饲料添加剂吡啶甲酸铬，是由吡啶甲酸与三氯化铬等三价铬化合物在一定的温度、pH和反应时间条件下，通过化学反应加工而生成的，符合《饲料添加剂安全使用规范》和饲料添加剂相关标准要求的化合物。

2. **物化特性**　吡啶甲酸铬，别名为吡啶羧酸铬、甲基吡啶铬，英文名为Chromium picolinate 、Chromium Tripicolinate，分子式为$C_{18}H_{12}CrN_3O_6$，化学式为$Cr(C_6H_4NO_2)_3$，相对分子质量为418.33。

吡啶甲酸铬，紫红色结晶性细小粉末，有光泽，流动性良好，常温下稳定，微溶于水，不溶于乙醇。其中的铬为三价铬，整个分子结构呈电中性，且具有疏水特性，因此它可以以完整的结构进行跨膜吸收。吡啶甲酸铬是3个吡啶环上的2位N与Cr形成了五元环结构，结构较为稳定。

（三）生产工艺

1. 生产原理 由吡啶甲酸同三氯化铬络合反应生成吡啶甲酸铬，主要化学反应为：

$$3C_6H_5NO_2+CrCl_3+3NaOH \rightarrow Cr（C_6H_4NO_2）_3+3NaCl+3H_2O$$

2. 工艺流程 生产饲料添加剂吡啶甲酸铬的主要工艺流程应包括计量、络合反应、结晶、物相分离与纯化、干燥、粉碎和（或）筛分、包装等主要工序。图 7-2 为饲料添加剂吡啶甲酸铬生产工艺流程示意图。

生产饲料添加剂吡啶甲酸铬，第一，进行原料即吡啶甲酸和三氯化铬计量，如果需要，则进行原料预处理以净化砷、铅等杂质；第二，在一定反应条件下进行络合反应生成吡啶甲酸铬；第三，反应结束后进行冷却结晶；第四，进行离心分离纯化；第五，进行干燥；第六，进行粉碎和（或）筛分；第七，产品抽样检验合格后称重打包，运送至成品库中储存；第八，母液进行处理。

3. 生产过程主要关键控制点 依据企业采用的饲料添加剂吡啶甲酸铬生产工艺流程，其生产过程主要关键控制点的控制要素：原料预处理净化工段为砷、铅等杂质的含量；计量工段为原料投料比及精度；反应工段为反应温度、pH、反应时间；结晶工段为结晶温度；分离纯化工段为分离纯化方式及杂质的含量；干燥工段为干燥方式、干燥温度；粉碎和（或）筛分工段为粒度；包装工段为产品净含量。

4. 所需主要生产设备 生产饲料添加剂吡啶甲酸铬所需主要生产设备有计量器、反应器、结晶器、物相分离设备、干燥设备、粉碎和（或）筛分设备、计量设备、包装设备、脉冲式除尘设备或性能更好的除尘设备。其中，干燥设备应能控制温度和具备隔离火源的功能。表 7-1 为生产饲料添加剂吡啶甲酸铬所需主要生产设备。图 7-3 为实际生产中生产饲料添加剂吡啶甲酸铬的关键设备。

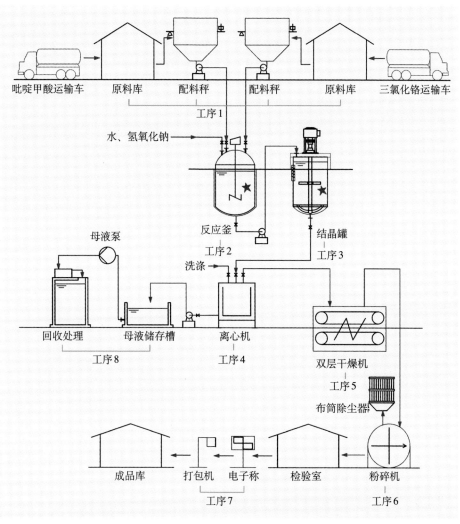

图 7-2　饲料添加剂吡啶甲酸铬生产工艺流程示意图

注：★为关键设备。

表7-1　生产饲料添加剂吡啶甲酸铬所需主要设备

生产工段	设备名称	常见类型	主要技术指标	控制参数	作　用
计量工段	电子台秤		称量范围，误差，分度值		原料称量
反应工段	反应釜	搪瓷、不锈钢	设计压力，设计温度，搅拌转速，pH检测	搅拌转速、工作温度、pH、反应时间	制备产物

（续）

生产工段	设备名称	常见类型	主要技术指标	控制参数	作　用
结晶工段	结晶罐		结晶温度	结晶温度	产物结晶
分离纯化工段	三足离心机	装有滤布袋	转速，转鼓直径，转鼓容量，装料限量，电机功率	转速、时间	晶体和母液分离，固液分离
干燥工段	干燥机		温度范围	温度、时间	产品干燥，吡啶甲酸铬湿料烘干
粉碎	粉碎机		产品粒度，生产能力，电机功率	粒度	产品细度。物料可使用粉碎机进行粉碎，目数可通过更换锣底进行调整
包装工段	打包机	计量包装			产品包装
后处理净化工段	母液泵	氟塑料合金磁力泵	电机转速，扬程，流量，耐酸碱	扬程、流量	母液处理
	反应生成废液回收处理装置				母液处理

图7-3　生产饲料添加剂吡啶甲酸铬的关键设备

（四）原料与产品质量检验和控制

1. 饲料添加剂吡啶甲酸铬生产所需原料品质的评价　饲料级吡啶甲酸铬生产企业应按照《饲料质量安全管理规范》的要求制定质量管理制度，检测原料中主成分、杂质，尤其是砷、铅等重金属，签有规范的原料采购合同，建立完善的原料采购和检验记录，确保产品质量。

2. 饲料添加剂吡啶甲酸铬产品质量标准　饲料级吡啶甲酸铬产品质量标准目前遵循的是中华人民共和国农业行业标准《饲料添加剂　吡啶甲酸铬》（NY/T 916—2004）。

（1）要求。

①外观。本品为紫红色、结晶性细小粉末，流动性良好。

②理化指标。应符合表7-2要求。

表7-2　理化指标

项　目	指　标（%）
吡啶甲酸铬含量	≥98.0
总铬含量	12.2 ~ 12.4
干燥失重	≤2.0
铅	≤0.002
砷	≤0.000 5
细度（通过 $W=150$ 微米试验筛）	≥90.0

（2）试验方法。

①吡啶甲酸铬的鉴定与含量测定。

a）试剂和溶液。甲醇：色谱纯。

吡啶甲酸铬标准品：吡啶甲酸铬含量≥99.9%。

吡啶甲酸铬标准储备液（500微克／毫升）：准确称取0.05克吡啶甲酸铬标准品（含量≥99.9%，精确至0.000 1克），置于100毫升容量瓶中，加入30毫升甲醇（色谱纯），超声30分钟，用甲醇（色谱纯）稀释至刻度，混匀，储备液在4℃下保存。

b）仪器。高效液相色谱仪：具有紫外检测器。

c）鉴定与测定方法。

试液的制备：准确称取试样0.1克（精确至0.000 1克），置于50毫升具塞三角瓶中，加入20毫升甲醇（色谱纯），在超声水浴中保持30分钟。取10毫升上清液在水浴中蒸发至干，用10毫升甲醇溶解并转入50毫升容量瓶中，再超声5分钟，用甲醇（色谱纯）定容；再准确吸取该溶液100微升，用水稀释定容至10毫升，过孔径为0.45微米膜，待测。

吡啶甲酸铬标准曲线的绘制：吸取1毫升吡啶甲酸铬标准储备液用水稀释定容至50毫升，再准确吸取该溶液25微升、50微升、100微升、150微升、200微升，用水稀释定容至10毫升，该系列溶液的浓度为0.025微克／毫升、0.050微克／毫升、0.100微克／毫升、0.150微克／毫升、0.200微克／毫升，以吡啶甲酸铬标准系列溶液色谱峰面积为纵坐标，标准系列溶液浓度为横坐标绘制标准曲线。

HPLC测定条件：

色谱柱：ODS-C_{18}柱（5微米），长250毫米，内径4.6毫米。

流动相：甲醇＋水＝30+70。

流速：0.8毫升／分。

紫外检测器检测波长：264纳米。

进样量：10微升。

保留时间：2.72分钟。

d）吡啶甲酸铬的鉴定。通过比较样品溶液与相应浓度的标准溶液组分的色谱峰保留时间和峰形，确认样品溶液色谱峰是否与吡啶甲酸铬标准溶液色谱峰完全一致。若一致，则样品为吡啶甲酸铬；否则，样品为非吡啶甲酸铬。

e）吡啶甲酸铬含量测定。依据标准曲线得到的试液中吡啶甲酸铬浓度，计算样品中吡啶甲酸铬的含量X_1（%），以质量分数表示，按公式（7-1）计算：

$$X_1 = \frac{\rho_1 \times V_1}{m_1} \times 10^4 \tag{7-1}$$

式中，ρ_1 为从标准曲线上查得的试液中吡啶甲酸铬浓度（微克／毫升）；V_1 为试样稀释总体积（毫升）；10^4 为单位换算系数；m_1 为试样质量（克）。

取平行测定结果的算术平均值为测定结果，2次平行测定的绝对差值不得大于1%。

②总铬含量的测定。

a）原理。试样经前处理后制成稀酸溶液，喷入空气-乙炔火焰，铬离子即被原子化，于357.9纳米处测量其对铬空心阴极灯辐射的吸收，利用吸光度与铬浓度成正比的原理，与标准曲线比较确定铬含量。

b）分析步骤。

试液制备：准确称取试样1.0克（精确至0.000 1克），于50毫升三角瓶中，加混合酸液（硝酸＋高氯酸＝3+1）10毫升，在室温下过夜。然后，在电热板上加热至浓白烟产生，酸液剩余2～3毫升时，冷却，用去离子水溶解后过滤，并转移到100毫升容量瓶中，用去离子水冲洗漏斗并定容；准确吸取试液5毫升于200毫升容量瓶中，加入10%氯化铵溶液8毫升，用去离子水定容，待测。同时，做平行试剂空白。

铬标准系列溶液配制：准确吸取铬标准储备液0.10毫升、0.20毫升、0.30毫升、0.40毫升、0.50毫升分别于50毫升容量瓶中，加10%氯化铵溶液2.0毫升，去离子水定容，使其浓度分别为2.0微克／毫升、4.0微克／毫升、6.0微克／毫升、8.0微克／毫升、10.0微克／毫升。

标准空白溶液为准确吸取10%氯化铵溶液2.0毫升于50毫升容量瓶中，用10%硝酸溶液定容至刻度。

测定：将试液、试剂空白液和铬标准系列液在铬空心阴极灯下于波长357.9纳米下进行测定。

c）结果计算。依据铬元素标准溶液的标准曲线得到的试液铬的浓度，计算试样中铬的含量 X_2（%），以质量分数表示，按公式（7-2）计算：

$$X_2 = \frac{\rho_2 \times V_2}{m_2} \times 10^4 \qquad (7\text{-}2)$$

式中，ρ_2 为从标准曲线上查得的试液中铬浓度（微克／毫升）；V_2 为试样稀释总体积（毫升）；m_2 为样品质量（克）。

d）允许差。取平行测定结果的算术平均值为测定结果，2次平行测定的绝对差值不得大于平均值的5%。

③干燥失重的测定。称取试样1克（准确至0.0001克），按照GB/T 6435的规定测定。

④铅的测定。按照GB/T 13080的规定测定。

⑤砷的测定。按照GB/T 13079的规定测定。

⑥细度的测定。按照GB/T 5917的规定测定。

（3）检验规则。

①本标准规定的所有项目为出厂检验项目。本产品应由生产厂家的质量检验部门进行取样检验。

②生产厂方保证所有出厂的该产品都符合本标准的要求，并附有一定格式的质量证明书。

③使用单位有权按照本标准的验收规则和试验方法对所有收到的产品进行验收。

④取样件数按照GB/T 6678—1986中6.6规定的采样单元数。

⑤取样时，用取样器插入料层深度3/4处，将所取样品充分混匀，以四分法缩分到不少于100克，分装入2个清洁、干燥、具有磨口塞的样品瓶中，贴上标签，并注明生产厂家、产品名称、生产日期、批号、取样日期和取样者姓名。一瓶供检验用，另一瓶供密封保存备查。

⑥如果在检验中有一项指标不符合标准，应扩大抽样范围并重新抽样检验。产品重新检验仍有一项不符合标准，则整批不能验收。

⑦如果供需双方对产品质量发生异议时，由仲裁单位按本标准的验收规定和检验方法进行仲裁检验。

（4）标签、包装、运输、储存。

①本产品包装上标签应符合 GB 10648 的规定。

②本产品应装于防潮的硬纸板桶（箱）中，内衬食品用聚乙烯塑料袋。也可根据用户要求进行包装。

③本产品不得与有毒、有害或其他有污染的物品及具有氧化性物质混装、合运。

④本产品应储存在阴凉、干燥、清洁的室内仓库中，不得与有毒物品混存。

⑤按规定包装，原包装在规定的储存条件下保质期为 12 个月（开封后尽快使用，以免受潮）。

3.检验化验室条件要求　饲料级吡啶甲酸铬生产企业应在厂区内建有独立的与生产车间和仓储区域分离的检验化验室，装备有齐全的、能够满足与产品质量控制相关的检验化验仪器。检验化验室应当符合以下条件：

（1）除配备常规检验仪器外，还应当配备下列专用检验仪器：高效液相色谱仪（配备紫外检测器）和原子吸收分光光度计。

（2）检验化验室应当包括天平室、理化分析室、仪器室和留样观察室等功能室，使用面积应当满足仪器、设备设施布局和开展检验化验工作需要：

①天平室有满足分析天平放置要求的天平台。

②理化分析室有能够满足吡啶甲酸铬样品理化分析和检验要求的通风柜、实验台、器皿柜、试剂柜等设备。如有同时开展高温或明火操作和易燃试剂操作的试验，还应分别设立独立的操作区和通风柜。

③仪器室应满足高效液相色谱仪、原子吸收分光光度计等仪器的使用要求，高效液相色谱仪和原子吸收分光光度计应当分室存放，并配备气瓶，气瓶放置应符合防爆防倾倒要求。

④留样观察室有满足产品和原料储存要求的样品柜。

4.质量控制与检验化验人员　饲料添加剂吡啶甲酸铬产品的质量控制

负责人应当具备化工技术类、制药技术类、畜牧兽医类、水产养殖类、食品药品管理类等相关专业大专以上学历或中级以上技术职称，熟悉饲料法规、原料与产品质量控制、原料与产品检验、产品质量管理等专业知识，并通过现场考核。

同时，生产企业应当配备2名以上专职检验化验员。检验化验员应当取得农业部职业技能鉴定机构颁发的饲料检验化验员职业资格证书或与生产吡啶甲酸铬产品相关的省级以上技术监督、医药、化工或食品行业管理部门核发的检验类职业资格证书，并通过现场操作技能考核。

（五）原料及产品仓储要求

1. 饲料添加剂吡啶甲酸铬生产所需原料仓储要求　仓储设施应当满足原料（吡啶甲酸、三氯化铬等铬源）、辅料（氢氧化钠等）、吡啶甲酸铬成品、包装材料、备品备件储存要求。另外，仓储设施还应具有防霉、防潮、防鼠等功能。同时，按照危险化学品、易燃易爆品管理的原料的储存须符合相关行业管理规定。

2. 饲料添加剂吡啶甲酸铬产品仓储要求　饲料级吡啶甲酸铬应储存满足产品储存要求的通风、干燥且具有防潮、防鸟、防鼠等功能的指定成品库中。

（六）产品应用及发展趋势

吡啶甲酸铬作为有机铬类饲料添加剂，其生物利用率较无机铬高，且结构稳定，适量添加吡啶甲酸铬对动物机体代谢有着积极作用，吡啶甲酸铬在一定范围内使用是安全的。但是，铬是重金属元素，过量会对动物造成不良影响，而且会增加排泄物中的铬含量和畜禽产品中铬的残留，造成环境污染和人体健康的危害。目前，农业部对于吡啶甲酸铬的使用进行了相关规定（表7-3）。

表7-3 农业部1224号公告中对于吡啶甲酸铬的安全使用规范

化合物通用名称	化合物英文名称	分子式或描述	来源	含量规格（%）		适用动物	在配合饲料或全混合日粮中的推荐添加量（以元素计）（毫克／千克）	在配合饲料或全混合日粮中的最高限量（以元素计）（毫克／千克）
				以化合物计	以元素计			
吡啶甲酸铬	Chromium tripicolinate	Cr ((pyridine)-COO)₃	化学制备	≥98.0	12.2 ~ 12.4	生长肥育猪	0 ~ 0.2	0.2

随着吡啶甲酸铬作为有机铬添加剂在养殖业中使用范围的扩大，应不断研究和完善吡啶甲酸铬对不同种类畜禽及其不同生理阶段的推荐剂量、最高限量等数据。如何使用好饲料添加剂吡啶甲酸铬是一个重要的科学问题。既要充分发挥吡啶甲酸铬在动物养殖领域的生物学功效，又能减少养殖过程中铬对环境的污染，以及对人类食物链构成的潜在危害，将会是吡啶甲酸铬作为饲料添加剂的未来发展趋势。

八、蛋氨酸锌络（螯）合物

CHAPTER 08

蛋氨酸锌络（螯）合物

（一）概述

1. **国内生产现状**　锌是畜禽等养殖动物生产过程中必需的微量元素，它具有许多重要的生理功能和营养作用。蛋氨酸锌络（螯）合物是养殖动物饲料所需要的重要微量元素类添加剂。2015年，饲料添加剂蛋氨酸锌络（螯）合物的产量约为1 000吨。至2016年，全国获得饲料添加剂蛋氨酸锌络（螯）合物生产许可证书的生产企业共计有31家，主要分布在广东、四川、山东、湖北、黑龙江、广西、上海、山西、陕西、安徽、江苏、湖

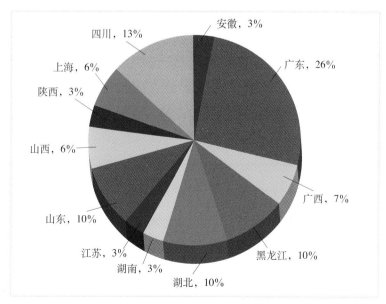

图8-1　国内饲料添加剂蛋氨酸锌络（螯）合物生产企业分布图

南，共计12个省（自治区、直辖市）（图8-1）。其中，广东有8家，占总数的26%，为国内生产饲料添加剂蛋氨酸锌络（螯）合物的主要省份。

国内饲料添加剂蛋氨酸锌络（螯）合物的生产主要以蛋氨酸和无机锌盐为原料，用水体系合成法使蛋氨酸和无机锌盐在一定的温度、pH和反应时间条件下发生反应，经过结晶、分离纯化、干燥获得饲料级蛋氨酸锌络（螯）合物。

2. 产品功效 蛋氨酸锌络（螯）合物主要为养殖动物提供所需锌元素，锌是动物机体必需的微量元素之一，在动物体内发挥着广泛的生理生化功能，作为动物体内300多种酶和蛋白的必需组分，锌可通过催化调节机制发挥如下功能：促进机体的生长发育和再生；促进食欲；促进性器官和繁殖性能的正常；保护皮肤健康；保持免疫功能等。

锌被称为机体的"生命元素"。蛋氨酸锌络（螯）合物是一种接近于动物体内天然形态的微量元素补充剂。与无机锌盐相比，蛋氨酸锌络（螯）合物不仅具有良好的化学稳定性和生化稳定性，而且具有生物学效价高、双重营养功能、毒副作用小等生物学特性，能显著提高机体抗应激能力及免疫功能、最大程度发挥动物生产和繁殖性能等，是目前较为理想的新型高效饲料添加剂。

（二）产品定义及物化特性

1. 定义 饲料添加剂蛋氨酸锌络（螯）合物是指由蛋氨酸与硫酸锌等锌源在一定的温度、pH和反应时间条件下，通过化学反应而生成的蛋氨酸与锌摩尔比为2∶1或1∶1的符合《饲料添加剂品种目录》和饲料添加剂相关标准要求的化合物。

2. 物化特性 蛋氨酸锌（1∶1）为白色或类白色粉末，英文名称为Zinc Methionine，分子式为$C_5H_{11}NO_6S_2Zn$，相对分子质量为310.7，易溶于水，略有蛋氨酸特有气味。流动性较好，均匀无结块。

蛋氨酸锌（2∶1）为白色或类白色粉末，英文名称Zinc Methionine，

分子式为 $C_{10}H_{20}N_2O_4S_2Zn$，相对分子质量为361.8，极微溶于水，质轻，略有蛋氨酸特有气味。流动性较好，均匀无结块。

（三）生产工艺

1. 生产原理　蛋氨酸和硫酸锌等可溶性锌盐在一定的温度、反应时间和pH条件下，蛋氨酸与锌离子按一定摩尔比以共价键结合而生成络（螯）合物，主要化学反应为：

摩尔比 1 ∶ 1 络合：$ZnSO_4+C_5H_{11}NO_2S = C_5H_{11}NO_6S_2Zn$

摩尔比 2 ∶ 1 螯合：$ZnSO_4+2NaOH+2C_5H_{11}NO_2S = C_{10}H_{20}N_2O_4S_2Zn+Na_2SO_4+2H_2O$

2. 工艺流程　制备生产饲料添加剂蛋氨酸锌络（螯）合物的主要工艺流程包括：计量、反应、结晶、分离纯化、干燥、粉碎和（或）筛分、包装等主要工序。图8-2为生产饲料添加剂蛋氨酸锌络（螯）合物的工艺流程示意图。

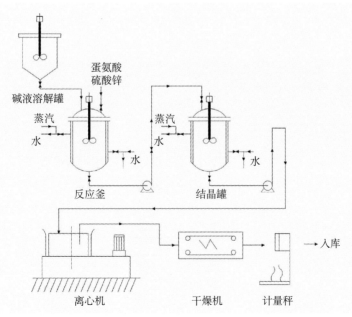

图8-2　生产饲料添加剂蛋氨酸锌络（螯）合物工艺流程示意图

如图8-2所示，首先将原料（蛋氨酸和硫酸锌等锌源）按需要计量后在一定反应条件下进行反应生成蛋氨酸锌络（螯）合物，在反应结束后将生成物泵入结晶罐中进行冷却结晶；然后进行离心分离、干燥、粉碎和（或）筛分；最后产品抽样检验合格后称重打包，运送至成品库中储存。

3. 生产过程主要关键控制点　依据企业采用的制备饲料添加剂蛋氨酸锌络（螯）合物的生产工艺流程，其生产过程主要关键控制点：计量工段为原料投料比及精度；反应工段为反应温度、时间和pH；结晶工段为结晶温度；分离纯化工段为分离纯化方式及杂质的含量；干燥工段为干燥方式和温度；粉碎和（或）筛分工段为粉碎粒度；包装工段为产品净含量。

4. 所需主要生产设备　制备饲料添加剂蛋氨酸锌络（螯）合物所需主要生产设备为计量器、反应器、结晶器、分离纯化设备、干燥设备、粉碎和（或）筛分设备、计量设备、包装设备、脉冲式除尘设备或性能更好的除尘设备。干燥设备应能控制温度和具备隔离火源的功能。表8-1为生产饲料添加剂蛋氨酸锌络（螯）合物所需主要具体设备实例。图8-3为生产饲料添加剂蛋氨酸锌络（螯）合物所需关键设备实例。

表8-1　饲料添加剂蛋氨酸锌络（螯）合物所需主要具体设备实例

生产工段	设备名称	常见类型	主要技术指标	控制参数	作　用
计量工段	计量泵	塑料合金	流量、耐酸碱	扬程、流量	计量
	电子配料秤	机电结合式	最大称量300千克，最大称量允许差20克	精度	计量
反应工段	反应釜	外夹套	工作压力0.2～0.4兆帕	搅拌速率、工作温度和压力	制备产物
冷却结晶工段	结晶罐	外夹套	工作压力0.2～0.4兆帕	搅拌速率、工作温度	制备产物
分离工段	三足离心机	不锈钢	转速≤3 500转/分，转鼓直径≤2 000毫米，转鼓容量≤1 800升	转速、容量	晶体和母液分离
干燥工段	干燥机	微波干燥	微波功率30千瓦，微波频率2 450兆赫±50赫兹	输入功率、微波频率	产品干燥
包装工段	打包机	计量包装	输入带线速度8米/分，称量范围10～60千克	带线速度、重量	产品包装

（续）

生产工段	设备名称	常见类型	主要技术指标	控制参数	作　用
后处理净化工段	反应生成废液或废渣处理回收装置				废弃物处理与回收
	反应生成废气处理回收装置				废弃物处理与回收

图8-3　生产饲料添加剂蛋氨酸锌络（螯）合物的反应釜

（四）原料与产品质量检验和控制

1.饲料添加剂蛋氨酸锌络（螯）合物生产所需原料品质的评价　饲料级蛋氨酸锌络（螯）合物的原料包括蛋氨酸和硫酸锌等锌源，生产企业应按照《饲料质量安全管理规范》的要求制定质量管理制度，检测原料中主成分、杂质，尤其是砷、铅、镉等重金属，签有规范的原料采购合同，建立完善的原料采购和检验记录。在检验指标的基础上调整蛋氨酸锌络（螯）合物的生产工艺，确保产品质量。

2.饲料添加剂蛋氨酸锌络（螯）合物产品质量标准　饲料级蛋氨酸锌

络（螯）合物产品标准目前遵循的是中华人民共和国国家标准《饲料添加剂 蛋氨酸锌》（GB/T 21694—2008）。

（1）要求。

①感官性质。蛋氨酸锌（1：1）为白色或类白色粉末，易溶于水；蛋氨酸锌（2：1）为白色或类白色粉末，极微溶于水，质轻。略有蛋氨酸特有气味，无结块、发霉现象。

②鉴别。甲醇提取物与相应试剂反应符合要求。

③粉碎粒度。过0.25毫米孔径分析筛，筛上物不得大于2%。

④技术指标。技术指标应符合标准中表8-2要求。

表8-2　技术指标

项　目	指　标	
	摩尔比为2：1的产品	摩尔比为1：1的产品
锌（%）	≥17.2	≥19.0
蛋氨酸（%）	≥78.0	≥42.0
螯合率（%）	≥95	—
水分（%）	≤5	
总砷（毫克/千克）	≤8	
铅（毫克/千克）	≤10	
镉（毫克/千克）	≤10	

（2）试验方法

①鉴别。称取1.0克试样，用25毫升甲醇提取，过滤，取滤液0.1毫升，按顺序分别加入邻菲罗啉三氯甲烷溶液（0.1克/升）2毫升，曙红（0.1%甲醇溶液）3滴，氢氧化钾甲醇溶液（0.5摩尔/升）1毫升，不得出现混浊。

②水分。按GB/T 6435中规定的方法测定。

③粉碎粒度。按GB/T 5917中规定的方法测定。

④总砷的测定。按GB/T 13079中规定的方法测定。

⑤铅的测定。按GB/T 13080中规定的方法测定。

⑥镉的测定。 按GB/T 13082中规定的方法测定。

⑦螯合率的测定。按GB/T 13080.2中规定的方法测定。

⑧锌含量的测定。按HG 2934中规定的方法测定。

⑨蛋氨酸含量的测定。按GB/T 17810中规定的方法测定。

（3）检验规则。

①出厂检验。

a）批。以同班、同原料、同配方的产品为一批，每批产品进行出厂检验。

b）出厂检验项目。感官性状、水分、粒度、锌含量。

c）判定方法。以本标准的有关试验方法和要求为依据，对抽取样品按出厂检验项目进行检验。检验结果如有一项指标不符合本标准要求时，应重新在加倍产品中抽样进行复检，复检结果如仍有任何一项不符合本标准要求，则判定该批产品为不合格产品，不能出厂。

②型式检验。

a）有下列情况之一时，应进行型式检验。一是改变配方或生产工艺；二是正常生产每半年或停产半年后恢复生产；三是国家技术监督部门提出要求时。

b）型式检验项目。包括感官性状、鉴别、粉碎粒度、技术指标（锌、蛋氨酸、水分、总砷、铅、镉含量及螯合率）。

c）判定方法。以本标准的有关试验方法和要求为依据，对抽取样品按型式检验项目进行检验。检验结果如有一项指标不符合本标准要求时，应重新于加倍产品中抽样进行复检，复检结果如仍有任何一项不符合本标准要求，则判型式检验不合格。

（4）标签、包装、运输、储存。

①饲料级蛋氨酸锌包装袋上应有牢固清晰的标识，应符合GB 10648的规定。

②饲料级蛋氨酸锌的内包装采用食品级聚乙烯薄膜，外包装采用纸箱、纸桶或聚丙烯塑料桶包装。

③饲料级蛋氨酸锌在运输过程中，不得与有毒、有害、有污染和有放射性的物质混放混载，防止日晒雨淋。

④饲料级蛋氨酸锌应储存在清洁、干燥、阴凉、通风、无污染的仓库中。

在符合上述运输、储存条件下，本产品自生产之日起保质期为24个月。

3. 检验化验室条件要求　饲料级蛋氨酸锌络（螯）合物生产企业应当在厂区内设置独立检验化验室，并与生产车间和仓储区域分离。图8-4为检验饲料添加剂蛋氨酸锌络（螯）合物的关键仪器。

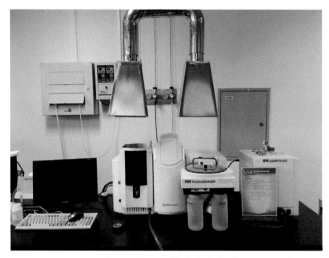

图8-4　原子吸收分光光度计

检验化验室应当符合以下条件：

（1）配备满足开展企业生产产品执行标准中所规定的出厂检验项目检验所需的常规检验和原子吸收分光光度计等仪器。

（2）检验化验室应当包括天平室、理化分析室、仪器室和留样观察室等功能室，使用面积应当满足仪器、设备设施布局和开展检验化验工作需要：

①天平室有满足分析天平放置要求的天平台。

②理化分析室有能够满足蛋氨酸锌络（螯）合物样品理化分析和检验要求的通风柜、实验台、器皿柜、试剂柜等设备。如有同时开展高温或明

火操作和易燃试剂操作的试验，还应分别设立独立的操作区和通风柜。

③仪器室满足检验所需精密仪器的使用要求；气瓶放置应符合防爆防倾倒要求。

④留样观察室有满足产品和原料储存要求的样品柜。

4.质量控制与检验化验人员　饲料级蛋氨酸锌络（螯）合物质量机构负责人应当具备化工技术类、制药技术类、畜牧兽医类、水产养殖类、食品药品管理类等相关专业大专以上学历或中级以上技术职称，熟悉饲料法规、原料与产品质量控制、原料与产品检验、产品质量管理等专业知识，并通过现场考核。

企业应当配备2名以上专职检验化验员。检验化验员应当取得农业部职业技能鉴定机构颁发的饲料检验化验员职业资格证书或与生产蛋氨酸锌络（螯）合物产品相关的省级以上技术监督、医药、化工或食品行业管理部门核发的检验类职业资格证书，并通过现场操作技能考核。

（五）原料及产品仓储要求

1.饲料添加剂蛋氨酸锌络（螯）合物生产所需原料仓储要求　生产蛋氨酸锌络（螯）合物所需仓储设施应当满足原料（蛋氨酸和硫酸锌等锌源）、辅料（氢氧化钠等）、包装材料、备品备件储存要求。另外，仓储设施还应具有防霉、防潮、防鼠等功能。同时，按照危险化学品、易燃易爆品管理的原料的储存须符合相关行业管理规定。

2.饲料添加剂蛋氨酸锌络（螯）合物产品仓储要求　饲料级蛋氨酸锌络（螯）合物应储存于满足产品储存要求的通风、干燥且具有防霉、防潮、防鼠等功能的指定成品库中。

（六）产品应用及发展趋势

蛋氨酸锌络（螯）合物作为一种高效、环保型饲料添加剂，已被广泛应用于各种畜禽生产中。但是高剂量蛋氨酸锌络（螯）合物也可能影响畜禽生长发育并造成环境污染。因此，农业部发布的1224号公告对蛋氨酸锌络（螯）合物在各种动物饲料中的添加剂量进行了严格限制（表8-3）。

表8-3　农业部1224号公告中对于蛋氨酸锌络（螯）合物的安全使用规范

化合物通用名称	化合物英文名称	分子式或描述	来源	含量规格（%）		适用动物	在配合饲料或全混合日粮中的推荐添加量（以元素计）（毫克／千克）	在配合饲料或全混合日粮中的最高限量（以元素计）（毫克／千克）
				以化合物计	以元素计			
蛋氨酸锌络（螯）合物	Zinc methionine	(C₅H₁₀NO₂SZn)HSO₄	化学制备	≥90.0	≥19.0	养殖动物	猪42～116 肉鸡54～120 肉牛30 奶牛40	代乳料200 鱼类200 宠物250 其他动物150
		C₁₀H₂₀N₂O₄S₂Zn		—	≥17.2			

目前，国内外对蛋氨酸锌络（螯）合物的应用效果报道不一，这可能是受到日粮类型、研究对象、研究方法、评价指标等因素的影响。关于蛋氨酸锌络（螯）合物的产品质量、螯合强度检验等方法和标准也有待进一步完善。此外，生产成本也是制约其在生产中推广使用的关键因素之一，价格因素极大地限制了其推广使用，目前蛋氨酸锌络（螯）合物多在幼畜禽和种畜禽饲料中添加。应该进一步开发蛋白质资源，充分利用廉价的蛋白质原料获取廉价氨基酸，并不断改进生产工艺，选择合适的工艺路线，从而大幅度降低生产成本，生产出符合畜禽生产市场特点的蛋氨酸锌络（螯）合物产品。

九、蛋氨酸锰络(螯)合物

CHAPTER 09

蛋氨酸锰络（螯）合物

（一）概述

1. **国内生产现状**　锰是畜禽等养殖动物生产过程中必需的微量元素，它具有许多重要的生理功能和营养作用。蛋氨酸锰络（螯）合物是养殖动物饲料所需要的重要微量元素类添加剂。2015年，饲料添加剂蛋氨酸锰络（螯）合物的产量约为600吨。至2016年，全国获得饲料添加剂蛋氨酸锰络（螯）合物生产许可证书的生产企业共计有24家，主要分布在广东、四川、山东、湖北、广西、黑龙江、山西、江苏、天津、安徽、湖南，共计11个省（自治区、直辖市）（图9-1）。其中，广东有6家，四

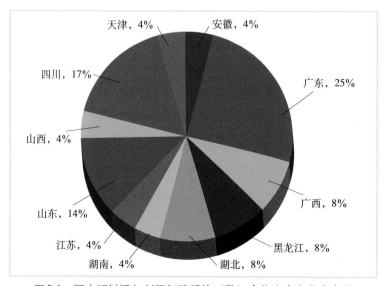

图9-1　国内饲料添加剂蛋氨酸锰络（螯）合物生产企业分布图

川有4家，分别占总数的25%和17%，为国内生产饲料添加剂蛋氨酸锰络（螯）合物的主要省份。

国内饲料添加剂蛋氨酸锰络（螯）合物的生产主要以蛋氨酸和无机锰盐为原料，用水体系合成法使蛋氨酸和无机锰盐在一定的温度、pH和反应时间条件下发生反应，经过沉淀、分离纯化、干燥获得饲料级蛋氨酸锰络（螯）合物。

2. 产品功效　蛋氨酸锰络（螯）合物主要为养殖动物提供所需锰，锰是动物机体必需的微量元素之一，在动物体内发挥着如下生理生化功能：

（1）构成骨骼有机质增长黏多糖的必需成分，促进生长，提高生产性能，锰缺乏会增加蛋壳变薄和产蛋量下降的概率。

（2）锰有造血功能，可刺激免疫器官的细胞生成，还可以提高某些动物体内抗体的效价和增加非特异性抵抗因子的量。

（3）锰也是多种酶的催化剂，促进性腺的发育和内分泌的功能。

蛋氨酸锰络（螯）合物的生物学价值较高，可明显提高饲料转化率，对于促进畜禽生长发育，提高其生产性能有着十分重要的意义。

（二）产品定义及物化特性

1. 定义　饲料添加剂蛋氨酸锰络（螯）合物是指由蛋氨酸与硫酸锰等锰源在一定的温度、pH和反应时间条件下，通过化学反应而生成的蛋氨酸与锰摩尔比为2∶1或1∶1的符合《饲料添加剂品种目录》和饲料添加剂相关标准要求的化合物。

2. 物化特性　蛋氨酸锰（1∶1）为白色或类白色粉末，英文名Manganese Methionine，分子式为$C_5H_{11}NO_6S_2Mn$，相对分子质量为300.17，易溶于水，略有蛋氨酸特有气味。流动性较好，均匀无结块。

蛋氨酸锰（2∶1）为白色或类白色粉末，分子式为$C_{10}H_{22}N_2O_8S_3Mn$，相对分子质量为449.49，微溶于水，略有蛋氨酸特有气味。流动性较好，均匀无结块。

（三）生产工艺

1.生产原理　蛋氨酸和硫酸锰等可溶性锰盐在一定的温度、反应时间和pH条件下，氨基酸与锰离子按一定摩尔比以共价键结合而生成络（螯）合物，主要化学反应为：

摩尔比1：1络合：$MnSO_4 + C_5H_{11}NO_2S = C_5H_{11}NO_6S_2Mn$

摩尔比2：1螯合：$MnSO_4 + 2C_5H_{11}NO_2S = C_{10}H_{22}N_2O_8S_3Mn$

2.工艺流程　生产饲料添加剂蛋氨酸锰络（螯）合物的主要工艺流程包括计量、反应、沉淀、分离纯化、干燥、粉碎和（或）筛分、包装等主要工序。图9-2为生产饲料添加剂蛋氨酸锰络（螯）合物的工艺流程示意图。

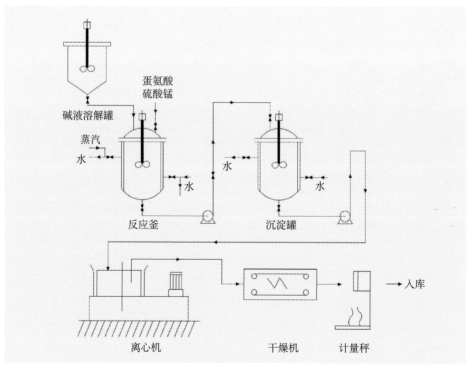

图9-2　生产饲料添加剂蛋氨酸锰络（螯）合物工艺流程示意图

如图9-2所示，首先将原料（蛋氨酸、硫酸锰等锰源）按需要计量后在一定反应条件下进行反应生成蛋氨酸锰络（螯）合物，在反应结束后将生成物泵入沉淀罐中进行沉淀；然后再进行离心分离、干燥、粉碎和（或）筛分；最后产品抽样检验合格后称重打包，运送至成品库中储存。

3. 生产过程主要关键控制点　依据企业采用的制备饲料添加剂蛋氨酸锰络（螯）合物的生产工艺流程，其生产过程主要关键控制点的控制要素：计量工段为原料投料比及精度；反应工段为反应温度、时间和pH；沉淀工段为沉淀温度；分离纯化工段为分离纯化方式及杂质的含量；干燥工段为干燥方式和温度；粉碎和（或）筛分工段为粉碎粒度；包装工段为产品净含量。

4. 所需主要生产设备　制备饲料添加剂蛋氨酸锰络（螯）合物所需主要生产设备为计量器、反应器、沉淀器、分离纯化设备、干燥设备、粉碎和（或）筛分设备、计量设备、包装设备和脉冲式除尘设备或性能更好的除尘设备。干燥设备应具备控制温度和隔离火源的功能。表9-1为生产饲料添加剂蛋氨酸锰络（螯）合物所需主要具体设备实例。图9-3为生产饲料添加剂蛋氨酸锰络（螯）合物所需关键生产设备。

表9-1　饲料添加剂蛋氨酸锰络（螯）合物所需主要具体设备实例

生产工段	设备名称	常见类型	主要技术指标	控制参数	作　用
计量工段	计量泵	塑料合金	流量、耐酸碱	扬程、流量	计量
	电子配料秤	机电结合式	最大称量300千克，最大称量允许差20克	精度	计量
反应工段	反应釜	外夹套	工作压力0.2～0.4兆帕	搅拌速率、工作温度和压力	制备产物
沉淀工段	沉淀罐	外夹套	工作压力0.2～0.4兆帕	搅拌速率	制备产物
分离工段	三足离心机	不锈钢	转速≤3 500转/分，转鼓直径≤2 000毫米，转鼓容量≤1 800升	转速、容量	晶体和母液分离
干燥工段	干燥机	微波干燥	微波功率30千瓦，微波频率2 450兆赫±50赫兹	输入功率、微波频率	产品干燥

（续）

生产工段	设备名称	常见类型	主要技术指标	控制参数	作　用
包装工段	打包机	计量包装	输入带线速度8米/分，称量范围10～60千克	带线速度、重量	产品包装
后处理净化工段	反应生成废液或废渣处理回收装置				废弃物处理与回收
	反应生成废气处理回收装置				废弃物处理与回收

图9-3　生产饲料添加剂蛋氨酸锰络（螯）合物的反应釜

（四）原料与产品质量检验和控制

1. 饲料添加剂蛋氨酸锰络（螯）合物生产所需原料品质的评价　饲料级蛋氨酸锰络（螯）合物的原料主要包括蛋氨酸和硫酸锰等锰源，生产企业应按照《饲料质量安全管理规范》的要求制定质量管理制度，检测原料中主成分、杂质，尤其是砷、铅、镉等重金属，签有规范的原料采购合同，建立完善的原料采购和检验记录。在检验指标的基础上调整蛋氨酸锰络（螯）合物的生产工艺，确保产品质量。

2．饲料添加剂蛋氨酸锰络（螯）合物产品质量标准　饲料级蛋氨酸锰络（螯）合物产品标准目前遵循的是中华人民共和国国家标准《饲料添加剂　蛋氨酸锰》(GB/T 22489—2008)。

（1）要求。

①感官性质。蛋氨酸锰（1∶1）为白色或类白色粉末，易溶于水；蛋氨酸锰（2∶1）为白色或类白色粉末，微溶于水。略有蛋氨酸特有气味，无结块、发霉现象。

②鉴别。甲醇提取物与相应试剂反应得到紫色溶液。

③粉碎粒度。过0.25毫米孔径分析筛，筛上物不得大于2%。

④技术指标。技术指标应符合表9-2要求。

表9-2　技术指标

项　　目	指　　标	
	摩尔比为2∶1的产品	摩尔比为1∶1的产品
锰（%）	≥8.0	≥15.0
蛋氨酸（%）	≥42.0	≥40.0
螯合率（%）	≥93.0	≥83.0
水分（%）	≤5	
总砷（毫克/千克）	≤5	
铅（毫克/千克）	≤10	
镉（毫克/千克）	≤5	

（2）试验方法。

①鉴别试验。称取1.0克试样，用25毫升甲醇提取，过滤，取滤液1.0毫升，加入吡啶偶氮奈酚三氯甲烷溶液（1毫克/升）1.0毫升，再加入氢氧化钾甲醇溶液（0.01克/毫升）0.5毫升，得到紫色溶液。此鉴别反应检出限为0.1克。

②水分。按GB/T 6435中规定的方法测定。

③粉碎粒度。按GB/T 5917.1中规定的方法测定。

④总砷的测定。按GB/T 13079中规定的方法测定。

⑤铅的测定。按GB/T 13080中规定的方法测定。

⑥镉的测定。按GB/T 13082中规定的方法测定。

⑦螯合率的测定。按GB/T 13080.2中规定的方法测定。

⑧锰含量的测定。按HG 2936中规定的方法测定。

⑨蛋氨酸含量的测定。按GB/T 17810中规定的方法测定。

（3）检验规则。

①出厂检验。

a）批。以同班、同原料、同配方的产品为一批，每批产品进行出厂检验。

b）出厂检验项目。感官性状、水分、鉴别、粒度、蛋氨酸含量、锰含量。

c）判定方法。以本标准的有关试验方法和要求为依据，对抽取样品按出厂检验项目进行检验。检验结果如有一项指标不符合本标准要求时，应重新自两倍的包装单元中取样进行复检，复检结果如仍有任何一项不符合本标准要求，则判定该批产品为不合格产品，不能出厂。

②型式检验。

a）有下列情况之一时，应进行型式检验。一是改变配方或生产工艺；二是正常生产每半年或停产半年后恢复生产；三是国家技术监督部门提出要求时。

b）型式检验项目。包括感官性状、鉴别、粉碎粒度、技术指标（锰、蛋氨酸、水分、总砷、铅、镉含量及螯合率）。

c）判定方法。以本标准的有关试验方法和要求为依据，对抽取样品按型式检验项目进行检验。检验结果如有一项指标不符合本标准要求时，应重新自两倍的包装单元中取样进行复检，复检结果如仍有任何一项不符合本标准要求，则判型式检验不合格。

（4）标签、包装、运输、储存。

①饲料级蛋氨酸锰包装袋上应有牢固清晰的标识，应符合GB 10648中的规定。

②饲料级蛋氨酸锰的内包装采用食品级聚乙烯薄膜，外包装采用纸箱、纸桶或聚丙烯塑料桶包装。

③饲料级蛋氨酸锰在运输过程中，不得与有毒、有害、有污染和有放射性的物质混放混载，防止日晒雨淋。

④饲料级蛋氨酸锰应储存在清洁、干燥、阴凉、通风、无污染的仓库中。

在符合上述运输、储存条件下，本产品自生产之日起保质期为 24 个月。

3. 检验化验室条件要求　饲料级蛋氨酸锰络（螯）合物生产企业应当在厂区内设置独立检验化验室，并与生产车间和仓储区域分离。检验饲料添加剂蛋氨酸锰络（螯）合物的主要仪器见图8-4。

检验化验室应当符合以下条件：

（1）配备满足开展企业生产产品执行标准中所规定的出厂检验项目检验所需的常规检验和原子吸收分光光度计等仪器。

（2）检验化验室应当包括天平室、理化分析室、仪器室和留样观察室等功能室，使用面积应当满足仪器、设备设施布局和开展检验化验工作需要：

①天平室有满足分析天平放置要求的天平台。

②理化分析室有能够满足蛋氨酸锰络（螯）合物样品理化分析和检验要求的通风柜、实验台、器皿柜、试剂柜等设备。如有同时开展高温或明火操作和易燃试剂操作的试验，还应分别设立独立的操作区和通风柜。

③仪器室满足检验所需精密仪器的使用要求；气瓶放置应符合防爆防倾倒要求。

④留样观察室有满足产品和原料储存要求的样品柜。

4. 质量控制与检验化验人员　饲料级蛋氨酸锰络（螯）合物质量机构负责人应当具备化工技术类、制药技术类、畜牧兽医类、水产养殖类、食品药品管理类等相关专业之一的大专以上学历或中级以上技术职称，熟悉饲料法规、原料与产品质量控制、原料与产品检验、产品质量管理等专业知识，并通过现场考核。

企业应当配备2名以上专职检验化验员。检验化验员应当取得农业部职业技能鉴定机构颁发的饲料检验化验员职业资格证书或与生产蛋氨酸锰络（螯）合物产品相关的省级以上技术监督、医药、化工或食品行业管理部门核发的检验类职业资格证书，并通过现场操作技能考核。

（五）原料及产品仓储要求

1.饲料添加剂蛋氨酸锰络（螯）合物生产所需原料仓储要求　生产蛋氨酸锰络（螯）合物所需仓储设施应当满足原料（蛋氨酸和硫酸锰等锰源）、辅料（氢氧化钠等）、包装材料、备品备件储存要求。另外，仓储设施还应具有防霉、防潮、防鼠等功能。同时，按照危险化学品、易燃易爆品管理的原料的储存须符合相关行业管理规定。

2.饲料添加剂蛋氨酸锰络（螯）合物产品仓储要求　饲料级蛋氨酸锰络（螯）合物应储存于满足产品储存要求的通风、干燥且具有防霉、防潮、防鼠等功能的指定成品库中。

（六）产品应用及发展趋势

蛋氨酸锰络（螯）合物作为一种高效、环保型饲料添加剂，已被广泛应用于各种畜禽生产中。但目前国内外对蛋氨酸锰络（螯）合物的应用效果报道不一，这可能是受到日粮类型、研究对象、研究方法、评价指标等因素的影响。关于蛋氨酸锰络（螯）合物的产品质量、螯合强度检验等方法和标准也有待进一步完善。此外，生产成本也是制约其在生产中推广使用的关键因素之一，价格因素极大地限制了其推广使用，目前蛋氨酸锰络（螯）合物多在幼畜禽和种畜禽饲料中添加。应该进一步开发蛋白质资源，充分利用廉价的蛋白质原料获取廉价氨基酸，并不断改进生产工艺，选择合适的工艺路线，从而大幅度降低生产成本，生产出符合畜禽生产市场特点的蛋氨酸锰络（螯）合物产品。

十、蛋氨酸铜络（螯）合物

CHAPTER 10

蛋氨酸铜络（螯）合物

（一）概述

1. 国内生产现状　铜是畜禽等养殖动物生产过程中必需的微量元素，它具有许多重要的生理功能和营养作用。蛋氨酸铜络（螯）合物是养殖动物饲料所需要的重要微量元素类添加剂。2015年，饲料添加剂蛋氨酸铜络（螯）合物的产量约为300吨。至2016年，全国获得饲料添加剂蛋氨酸铜络（螯）合物生产许可证书的生产企业共计有27家。主要分布在广东、四川、山东、广西、湖北、黑龙江、上海、山西、安徽、湖南、江苏，共计11个省（自治区、直辖市）（图10-1）。其中，广东有7家，四川有4家，分别占总数的

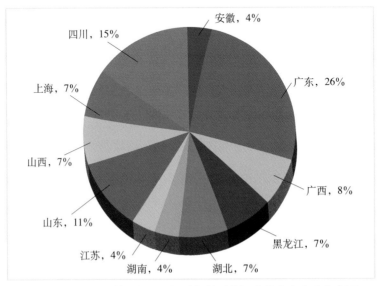

图10-1　国内饲料添加剂蛋氨酸铜络（螯）合物生产企业分布图

26%和15%，为国内生产饲料添加剂蛋氨酸铜络（螯）合物的主要省份。

国内饲料添加剂蛋氨酸铜络（螯）合物的生产主要以蛋氨酸和无机铜盐为原料，用水体系合成法使蛋氨酸和无机铜盐在一定的温度、pH和反应时间条件下发生反应，经过沉淀、分离纯化、干燥获得饲料级蛋氨酸铜络（螯）合物。

2.产品功效　蛋氨酸铜络（螯）合物主要为养殖动物提供所需铜元素，铜是动物机体必需的微量元素之一，在动物体内发挥着以下生理生化功能：

（1）铜离子作为重要的造血元素之一，参与维持铁的正常代谢，催化铁参与血红蛋白的合成，促进生长早期红细胞的成熟，促进骨髓生成红细胞，与红细胞和血红蛋白的形成密切相关，动物体内长时间缺铜会导致铁吸收受阻而发生贫血，如猪和羔羊为低色素小红细胞性贫血、鸡为正常红细胞性贫血、奶牛和母羊为低色素和大红细胞性贫血。

（2）铜离子是畜禽机体内多种金属酶的组成成分，可直接参与体内能量和物质代谢，铜离子与组织中的过氧化氢酶、细胞色素C和细胞色素氧化酶含量有关，还具有催化铁的络合作用和促进蛋氨酸吸收作用，适当的铜离子浓度能够激活胃蛋白酶，提高畜禽的消化机能。

（3）铜离子参与动物的成骨过程。缺铜会引起骨质中的胶原纤维合成受阻，骨骼发育受影响，骨质疏松，长骨易碎。

（4）铜离子还与动物体内线粒体的胶原代谢和黑色素生成、血管的正常发育和正常功能、被毛生长和品质、中枢神经系统、繁殖机能有着密切联系。

蛋氨酸铜络（螯）合物对于促进畜禽生长发育，提高其生产性能有着十分重要的意义。

（二）产品定义及物化特性

1.定义　饲料添加剂蛋氨酸铜络（螯）合物是指由蛋氨酸与硫酸铜等

铜源在一定的温度、pH和反应时间条件下，通过化学反应而生成的蛋氨酸与铜摩尔比为2：1或1：1的符合《饲料添加剂品种目录》和饲料添加剂相关标准要求的化合物。

2. 物化特性　蛋氨酸铜（1：1）为蓝灰粉末，英文名为Copper Methionine，分子式为$C_5H_{11}NO_6S_2Cu$，相对分子质量为308.8，易溶于水，具有蛋氨酸铜特有气味。流动性较好，均匀无结块。

蛋氨酸铜（2：1）为蓝紫粉末，英文名为Copper Methionine，分子式为$C_{10}H_{20}N_2O_4S_2Cu$，相对分子质量为360.0，不易溶于水，具有蛋氨酸铜特有气味。流动性较好，均匀无结块。

（三）生产工艺与生产过程关键控制点及主要设备

1. 生产原理　蛋氨酸和硫酸铜等可溶性铜盐在一定的温度、反应时间和pH条件下，蛋氨酸与铜离子按一定摩尔比以共价键结合而生成络（螯）合物，主要化学反应为：

摩尔比1：1络合：$CuSO_4 + C_5H_{11}NO_2S = C_5H_{11}NO_6S_2Cu$

摩尔比2：1螯合：$CuSO_4 + 2NaOH + 2C_5H_{11}NO_2S = C_{10}H_{20}N_2O_4S_2Cu + Na_2SO_4 + 2H_2O$

2. 工艺流程　生产饲料添加剂蛋氨酸铜络（螯）合物的主要工艺流程包括：计量、反应、沉淀、分离纯化、干燥、粉碎和（或）筛分、包装等主要工序。图10-1为生产饲料添加剂蛋氨酸铜络（螯）合物的工艺流程示意图。

如图10-2所示，首先将原料（蛋氨酸和硫酸铜等铜源）按需要计量后在一定反应条件下进行反应生成蛋氨酸铜络（螯）合物，在反应结束后将生成物泵入沉淀罐中进行沉淀；然后进行离心分离、干燥、粉碎和（或）筛分；最后产品抽样检验合格后称重打包，运送至成品库中储存。

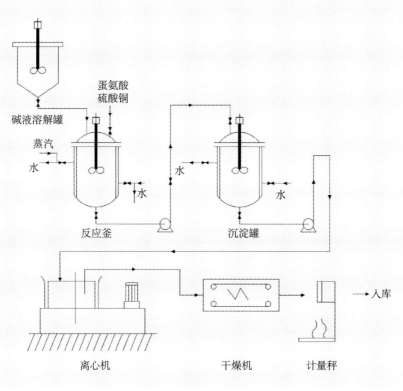

图10-2　生产饲料添加剂蛋氨酸铜络（螯）合物工艺流程示意图

3.生产过程主要关键控制点　依据企业采用的制备饲料添加剂蛋氨酸铜络（螯）合物的生产工艺流程，其生产过程主要关键控制点：计量工段为原料投料比及精度；反应工段为反应温度、时间和pH；沉淀工段为沉淀温度；分离纯化工段为分离纯化方式及杂质的含量；干燥工段为干燥方式和温度；粉碎和（或）筛分工段为粉碎粒度；包装工段为产品净含量。

4.所需主要生产设备　制备饲料添加剂蛋氨酸铜络（螯）合物所需主要生产设备为计量器、反应器、沉淀器、分离纯化设备、干燥设备、粉碎和（或）筛分设备、计量设备、包装设备和脉冲式除尘设备或性能更好的除尘设备。干燥设备应具备控制温度、隔绝空气和防爆燃的功能。表10-1为生产饲料添加剂蛋氨酸铜络（螯）合物所需主要具体设备实例。图10-3为生产饲料添加剂蛋氨酸铜络（螯）合物所需主要设备实例。

表10-1　饲料添加剂蛋氨酸铜络（螯）合物所需主要具体设备实例

生产工段	设备名称	常见类型	主要技术指标	控制参数	作　用
计量工段	计量泵	塑料合金	流量、耐酸碱	扬程、流量	计量
	电子配料秤	机电结合式	最大称量300千克，最大称量允许差20克	精度	计量
反应工段	反应釜	外夹套	工作压力0.2～0.4兆帕	搅拌速率、工作温度和压力	制备产物
沉淀工段	沉淀罐	外夹套	工作压力0.2～0.4兆帕	搅拌速率	制备产物
分离工段	三足离心机	不锈钢	转速≤3 500转/分，转鼓直径≤2 000毫米，转鼓容量≤1 800升	转速、容量	晶体和母液分离
干燥工段	干燥机	微波干燥	微波功率30千瓦，微波频率2 450兆赫±50赫兹	输入功率、微波频率	产品干燥
包装工段	打包机	计量包装	输入带线速度8米/分，称量范围10～60千克	带线速度、重量	产品包装
后处理净化工段	反应生成废液或废渣处理回收装置				废弃物处理与回收
	反应生成废气处理回收装置				废弃物处理与回收

图10-3　生产饲料添加剂蛋氨酸铜络（螯）合物的反应釜

（四）原料与产品质量检验和控制

1.饲料添加剂蛋氨酸铜络（螯）合物生产所需原料品质的评价 饲料级蛋氨酸铜络（螯）合物的原料为蛋氨酸和硫酸铜等铜源，生产企业应按照《饲料质量安全管理规范》的要求制定质量管理制度，检测原料中主成分、杂质，尤其是砷、铅等重金属，签有规范的原料采购合同，建立完善的原料采购和检验记录。在检验指标的基础上调整蛋氨酸铜络（螯）合物的生产工艺，确保产品质量。

2.饲料添加剂蛋氨酸铜络（螯）合物产品质量标准 饲料级蛋氨酸铜络（螯）合物产品标准目前遵循的是中华人民共和国国家标准《饲料添加剂 蛋氨酸铜》（GB/T 20802—2006）。

（1）要求。

①感官性质。1∶1型蛋氨酸铜为蓝灰粉末，2∶1型蛋氨酸铜为蓝紫粉末。蛋氨酸铜应无结块、发霉、变质现象，具有蛋氨酸铜特有气味。

②粉碎粒度。100%通过0.42毫米（40目）分析筛。0.20毫米（80目）分析筛筛上物小于等于20%。

③干燥失重。干燥失重小于等于5%。

④卫生指标。总砷小于等于10毫克/千克；铅小于等于30毫克/千克。

⑤有效成分。有效成分符合表10-2要求。

表10-2 有效成分

项 目	指 标
铜（Ⅱ）含量	不得低于标示量的95%
蛋氨酸含量	不得低于标示量的95%

（2）试验方法。

①鉴别。称取1.0克试样，用25毫升甲醇提取，过滤，取滤液0.1毫升，按顺序加入双硫腙三氯甲烷溶液（10微克/毫升）3毫升，试液不得

出现混浊沉淀现象；再加入吡啶0.5毫升，试液不得出现蓝色。

②干燥失重。按GB/T 6435中规定的方法测定。

③粉碎粒度。按GB/T 5917中规定的方法测定。

④总砷的测定。按GB/T 13079中规定的方法测定。

⑤铅的测定。按GB/T 13080中规定的方法测定。

⑥铜含量的测定。

a）方法提要。试样消化后，在pH为5的条件下，EDTA可与铜离子络合，用1-（2-吡啶偶氮）-2-萘酚（PAN）指示剂指示滴定终点计算铜含量。

b）分析步骤。称取约0.25克试样（精确至0.000 1克），置于250毫升三角瓶中，加入3毫升硝酸，加3毫升盐酸，温热消化近干，冷却，加入20毫升水，加热至近干，冷却后加水80毫升，用氨水（10%）调溶液pH约为5，此时溶液呈深蓝色，加入乙酸-乙酸钠缓冲溶液（pH 5）10毫升。加入PAN指示剂3滴，然后加热煮沸，趁热用乙二胺四乙酸二钠标准溶液（约0.02摩尔／升）滴定至变黄绿色为终点，同时做空白试验。

c）分析结果的表述。样品中铜含量X_1以质量分数（%）表示，可按公式（10-1）计算：

$$X_1 = \frac{(V_1 - V_0) \times c_1 \times 0.063\,55}{m_1} \times 100 \qquad (10\text{-}1)$$

式中，V_0为滴定空白消耗的乙二胺四乙酸二钠标准溶液的体积（毫升）；V_1为乙二胺四乙酸二钠标准滴定溶液体积（毫升）；c_1为乙二胺四乙酸二钠标准溶液的浓度（摩尔／升）；m_1为样品的质量（克）；0.063 55为每毫摩尔铜的质量克数。

计算结果保留两位小数。

取两次平行测定结果的算术平均值为测定结果。两次平行测定结果之差不得大于1%。

⑦蛋氨酸含量的测定。

a）方法提要。在中性介质中准确加入过量的碘溶液，将两个碘原子加到蛋氨酸的硫原子上，过量的碘用硫代硫酸钠标准滴定溶液回滴，从而求出试样中蛋氨酸含量。

b）分析步骤。称取约1.5克样品（精确至0.0001克），置于100毫升烧杯中，加50毫升水，3毫升盐酸溶液（6摩尔/升），加热溶解，用氢氧化钠溶液（20%）调节pH大于等于13，煮沸3分钟，冷却后移入250毫升容量瓶中，稀释至刻度，取上层清液过滤，准确移取50毫升滤液于碘量瓶中，加50毫升水，用硫酸溶液（20%）调节pH为7，加入10毫升磷酸二氢钾溶液（200克/升），10毫升磷酸氢二钾溶液，2克碘化钾，摇匀，准确加入50毫升碘溶液，均匀，于暗处放置30分钟，用硫代硫酸钠标准滴定溶液（约0.1摩尔/升）滴定至近终点时，加入3毫升淀粉指示液（10克/升），继续滴定至溶液蓝色消失，同时做空白试验。

c）分析结果的表述。样品中蛋氨酸含量X_2以质量分数（%）表示，可按公式（10-2）计算：

$$X_2 = \frac{(V_2 - V_3) \times c_2 \times 0.0746 \times 5}{m_2} \times 100 \qquad (10\text{-}2)$$

式中，V_2为滴定空白消耗的硫代硫酸钠标准溶液的体积（毫升）；V_3为滴定样品消耗的硫代硫酸钠标准溶液的体积（毫升）；c_2为硫代硫酸钠标准溶液的实际浓度（摩尔/升）；m_2为样品的质量（克）；0.0746为与1.00毫升硫代硫酸钠标准滴定溶液[$c(\text{Na}_2\text{S}_2\text{O}_3)$ =1.000摩尔/升]相当的，以克表示的蛋氨酸的质量。

计算结果保留两位小数。

取两次平行测定结果的算术平均值为测定结果。两次平行测定结果之差不得大于1%。

（3）检验规则。

①出厂检验。

a）批。以同班、同原料、同配方的产品为一批，每批产品进行出厂检验。

b）出厂检验项目。感官性状、水分、鉴别、粒度、蛋氨酸含量、铜含量。

c）判定方法。以本标准的有关试验方法和要求为依据，对抽取样品按出厂检验项目进行检验。检验结果如有一项指标不符合本标准要求时，应重新自两倍的包装单元中取样进行复检，复检结果如仍有任何一项不符合本标准要求，则判定该批产品为不合格产品，不能出厂。

②型式检验。

a）有下列情况之一时，应进行型式检验。一是改变配方或生产工艺；二是正常生产每半年或停产半年后恢复生产；三是国家技术监督部门提出要求时。

b）型式检验项目。包括感官性状、鉴别、粉碎粒度、技术指标（铜、蛋氨酸、水分、总砷、铅、镉含量及螯合率）。

c）判定方法。以本标准的有关试验方法和要求为依据，对抽取样品按型式检验项目进行检验。检验结果如有一项指标不符合本标准要求时，应重新自两倍的包装单元中取样进行复检，复检结果如仍有任何一项不符合本标准要求，则判型式检验不合格。

（4）标签、包装、运输、储存。

①饲料级蛋氨酸铜包装袋上应有牢固清晰的标识，应符合GB 10648的规定。

②饲料级蛋氨酸铜采用铝薄膜袋或避光密闭容器包装。

③饲料级蛋氨酸铜在运输过程中应防潮、防高温、防止包装破损，严禁与有毒有害物质混运。

④饲料级蛋氨酸铜应储存在干燥、通风、无污染、无有害物质的地方。

本品在规定的储存条件下，保质期为24个月。

3. 检验化验室条件要求　饲料级蛋氨酸铜络（螯）合物企业应当在厂区内设置独立检验化验室，并与生产车间和仓储区域分离。检验饲料添加剂蛋氨酸铜络（螯）合物的主要仪器见图8-4。

检验化验室应当符合以下条件：

（1）配备满足开展企业生产产品执行标准中所规定的出厂检验项目检验所需的常规检验和原子吸收分光光度计等仪器。

（2）检验化验室应当包括天平室、理化分析室、仪器室和留样观察室等功能室，使用面积应当满足仪器、设备设施布局和开展检验化验工作需要：

①天平室有满足分析天平放置要求的天平台。

②理化分析室有能够满足蛋氨酸铜络（螯）合物样品理化分析和检验要求的通风柜、实验台、器皿柜、试剂柜等设备。如有同时开展高温或明火操作和易燃试剂操作的试验，还应分别设立独立的操作区和通风柜。

③仪器室满足检验所需精密仪器的使用要求；气瓶放置应符合防爆防倾倒要求。

④留样观察室有满足产品和原料储存要求的样品柜。

4. 质量控制与检验化验人员　饲料级蛋氨酸铜络（螯）合物质量机构负责人应当具备化工技术类、制药技术类、畜牧兽医类、水产养殖类、食品药品管理类等相关专业之一的大专以上学历或中级以上技术职称，熟悉饲料法规、原料与产品质量控制、原料与产品检验、产品质量管理等专业知识，并通过现场考核。

企业应当配备 2 名以上专职检验化验员。检验化验员应当取得农业部职业技能鉴定机构颁发的饲料检验化验员职业资格证书或与生产蛋氨酸铜络（螯）合物产品相关的省级以上技术监督、医药、化工或食品行业管理部门核发的检验类职业资格证书，并通过现场操作技能考核。

（五）原料及产品仓储要求

1. 饲料添加剂蛋氨酸铜络（螯）合物生产所需原料仓储要求　生产蛋氨酸铜络（螯）合物所需仓储设施应当满足原料（蛋氨酸和硫酸铜等铜源）、辅料（氢氧化钠等）、包装材料、备品备件储存要求。另外，仓储设施还应具有防霉、防潮、防鼠等功能。同时，按照危险化学品、易燃易爆品管理的原料的储存须符合相关行业管理规定。

2．饲料添加剂蛋氨酸铜络（螯）合物产品仓储要求　饲料级蛋氨酸铜络（螯）合物应储存于满足产品储存要求的通风、干燥且具有防霉、防潮、防鼠等功能的指定成品库中。

（六）产品应用及发展趋势

蛋氨酸铜络（螯）合物作为一种高效、环保型饲料添加剂，已被广泛应用于各种畜禽生产中。但目前国内外对蛋氨酸铜络（螯）合物的应用效果报道不一，这可能是受到日粮类型、研究对象、研究方法、评价指标等因素的影响。关于蛋氨酸铜络（螯）合物的产品质量、螯合强度检验等方法和标准也有待进一步完善。此外，生产成本也是制约其在生产中推广使用的关键因素之一，价格因素极大地限制了其推广使用，目前蛋氨酸铜络（螯）合物多在幼畜禽和种畜禽饲料中添加。应该进一步开发蛋白质资源，充分利用廉价的蛋白质原料获取廉价氨基酸，并不断改进生产工艺，选择合适的工艺路线，从而大幅度降低生产成本，生产出符合畜禽生产市场特点的蛋氨酸铜络（螯）合物产品。

十一、蛋氨酸铁络（螯）合物

CHAPTER 11

蛋氨酸铁络（螯）合物

（一）概述

1. **国内生产现状** 铁是畜禽等养殖动物生产过程中必需的微量元素，它具有许多重要的生理功能和营养作用。蛋氨酸铁络（螯）合物是养殖动物饲料所需要的重要微量元素类添加剂。2015年，饲料添加剂蛋氨酸铁络（螯）合物的产量约为10吨。至2016年，全国获得饲料添加剂蛋氨酸铁络（螯）合物生产许可证书的生产企业共计有26家，主要分布在广东、四川、山东、湖南、黑龙江、广西、湖北、山西、安徽、上海、北京，共计11个省（自治区、直辖市）（图11-1）。其中，广东有6家，四川有4家，分别占总数的

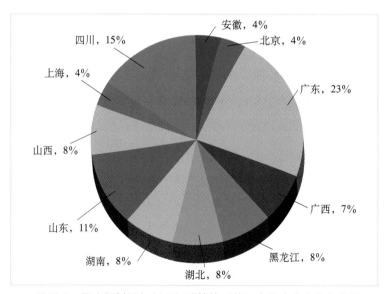

图11-1 国内饲料添加剂蛋氨酸铁络（螯）合物生产企业分布图

23%和15%，为国内生产饲料添加剂蛋氨酸铁络（螯）合物的主要省份。

国内饲料添加剂蛋氨酸铁络（螯）合物的生产主要以蛋氨酸和无机铁盐为原料，用水体系合成法使蛋氨酸和无机铁盐在一定的温度、pH和反应时间条件下发生反应，经过沉淀、分离纯化、干燥获得饲料级蛋氨酸铁络（螯）合物。

2. **产品功效** 蛋氨酸铁络（螯）合物主要为养殖动物提供所需铁元素，铁是动物机体必需的微量元素之一，是血红蛋白、肌红蛋白、细胞色素和多种氧化酶的成分，在动物体内发挥着如下生理生化功能：一是载体和酶的组分；二是参与体内的物质和能量代谢；三是生理防卫与免疫机能。

当动物体内铁含量不足时，会影响血红蛋白的合成，从而导致缺铁症的发生。蛋氨酸铁络（螯）合物不易被氧化，通过饲料进入动物体内以后，在胃酸的作用下直接分解为二价铁，从而被直接利用，避免了无机补铁剂在储存和饲喂过程中被氧化成三价铁。蛋氨酸铁络（螯）合物可以在仔猪时期补充铁元素，预防缺铁性贫血的发生，还能补充断奶仔猪蛋氨酸的不足，促进仔猪的生长发育等。蛋氨酸铁络（螯）合物对于促进畜禽生长发育，提高其生产性能有着十分重要的意义。

（二）产品定义及物化特性

1. **定义** 饲料添加剂蛋氨酸铁络（螯）合物是指由蛋氨酸与硫酸亚铁等可溶性铁源在一定的温度、pH和反应时间条件下，通过化学反应而生成的蛋氨酸与铁摩尔比为2∶1或1∶1的符合《饲料添加剂品种目录》和饲料添加剂相关标准要求的化合物。

2. **物化特性** 蛋氨酸铁（1∶1），英文名为Ferrous Methionine，分子式为$C_5H_{11}NO_5S_2Fe$，相对分子质量为301.1，具有蛋氨酸铁特有气味。流动性较好，均匀无结块。

蛋氨酸铁（2∶1），英文名为Ferrous Methionine，分子式为$C_{10}H_{20}N_2O_4S_2Fe$，相对分子质量为352.3，具有蛋氨酸铁特有气味。流动性较好，均匀无结块。

（三）生产工艺与生产过程关键控制点及主要设备

1. 生产原理　蛋氨酸和硫酸亚铁等可溶性铁盐在一定的温度、反应时间和pH条件下，蛋氨酸与亚铁离子按一定摩尔比以共价键结合而生成络（螯）合物，主要化学反应为：

摩尔比1：1络合：$FeSO_4+C_5H_{11}NO_2S = C_5H_{11}NO_6S_2Fe$

摩尔比2：1螯合：$FeSO_4+2NaOH+2\ C_5H_{11}NO_2S = C_{10}H_{20}N_2O_4S_2Fe+Na_2SO_4+2H_2O$

2. 工艺流程　制备生产饲料添加剂蛋氨酸铁络（螯）合物的主要工艺流程包括：计量、反应、沉淀、分离纯化、干燥、粉碎和（或）筛分、包装等主要工序。图3-1为生产饲料添加剂蛋氨酸铁络（螯）合物的工艺流

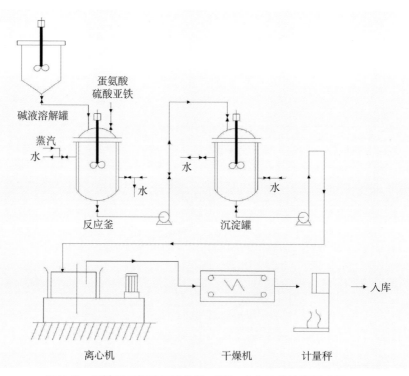

图11-2　饲料添加剂蛋氨酸铁络（螯）合物工艺流程示意图

程示意图。

如图11-2所示，首先将原料（蛋氨酸和硫酸亚铁等铁源）按需要计量后在一定反应条件下进行反应生成蛋氨酸铁络（螯）合物，反应结束后将生成物泵入沉淀罐中进行沉淀；然后再进行离心分离、干燥、粉碎和（或）筛分；最后产品抽样检验合格后称重打包，运送至成品库中储存。

3. 生产过程主要关键控制点　依据企业采用的制备饲料添加剂蛋氨酸铁络（螯）合物的生产工艺流程，其生产过程主要关键控制点的控制因素：计量工段为原料投料比及精度；反应工段为反应温度、时间和pH；沉淀工段为沉淀温度；分离纯化工段为分离纯化方式及杂质的含量；干燥工段为干燥方式和温度；粉碎和（或）筛分工段为粉碎粒度；包装工段为产品净含量。

4. 所需主要生产设备　制备饲料添加剂蛋氨酸铁络（螯）合物所需主要生产设备为计量器、反应器、沉淀器、分离纯化设备、干燥设备、粉碎和（或）筛分设备、计量设备、包装设备和脉冲式除尘设备或性能更好的除尘设备。干燥设备应具备控制温度和隔离火源的功能。表11-1为生产饲料添加剂蛋氨酸铁络（螯）合物所需主要具体设备实例。图11-3为生产饲料添加剂蛋氨酸铁络（螯）合物所需关键生产设备。

表11-1　饲料添加剂蛋氨酸铁络（螯）合物所需主要具体设备实例

生产工段	设备名称	常见类型	主要技术指标	控制参数	作　用
计量工段	计量泵	塑料合金	流量、耐酸碱	扬程、流量	计量
	电子配料秤	机电结合式	最大称量300千克，最大称量允许差20克	精度	计量
反应工段	反应釜	外夹套	工作压力0.2～0.4兆帕	搅拌速率、工作温度和压力	制备产物
沉淀工段	沉淀罐	外夹套	工作压力0.2～0.4兆帕	搅拌速率	制备产物
分离工段	三足离心机	不锈钢	转速≤3 500转/分，转鼓直径≤2 000毫米，转鼓容量≤1 800升	转速、容量	晶体和母液分离
干燥工段	干燥机	微波干燥	微波功率30千瓦，微波频率2 450兆赫±50赫兹	输入功率、微波频率	产品干燥

（续）

生产工段	设备名称	常见类型	主要技术指标	控制参数	作　用
包装工段	打包机	计量包装	输入带线速度8米/分，称量范围10～60千克	带线速度、重量	产品包装
后处理净化工段	反应生成废液或废渣处理回收装置				废弃物处理与回收
	反应生成废气处理回收装置				废弃物处理与回收

图11-3　生产饲料添加剂蛋氨酸铁络（螯）合物的反应釜

（四）原料与产品质量检验和控制

1.饲料添加剂蛋氨酸铁络（螯）合物生产所需原料品质的评价　饲料级蛋氨酸铁络（螯）合物的原料主要包括蛋氨酸和硫酸亚铁等有机铁源，生产企业应按照《饲料质量安全管理规范》的要求制定质量管理制度，检测原料中主成分、杂质，尤其是砷、铅等重金属，签有规范的原料采购合同，建立完善的原料采购和检验记录。在检验指标的基础上调整蛋氨酸铁络（螯）合物的生产工艺，确保产品质量。

2.饲料添加剂蛋氨酸铁络（螯）合物产品质量标准　饲料级蛋氨酸铁产品标准目前遵循的是中华人民共和国农业行业标准《饲料添加剂 蛋氨

酸铁》（NY/T 1498—2008）。

（1）要求。

①感官性质。蛋氨酸铁为浅灰黄色粉末，无结块、发霉、变质现象，具有蛋氨酸铁特有气味。

②鉴别。甲醇提取物与相应试剂反应符合要求。

③粉碎粒度。过0.25毫米孔径分析筛，筛上物不得大于2%。

④技术指标。技术指标应符合表11-2要求。

表11-2　技术指标

项　　目	指　　标
蛋氨酸占标示量的百分比（%）	≥93
铁（Ⅱ）占标示量的百分比（%）	≥90
水分（%）	≤5.0
铅（毫克/千克）	≤30
总砷（毫克/千克）	≤10

注：如产品中含有载体，应注明载体的成分及含量。

（2）试验方法。

①鉴别。称取1.0克试样，用25毫升甲醇提取，过滤，取滤液0.1毫升，按顺序分别加入双邻菲罗啉氯仿溶液（100微克/毫升）3毫升，溴酚蓝甲醇溶液（0.1%）3滴，吡啶1毫升，KOH（0.5摩尔/升）溶液1毫升，溶液不得出现灰绿或棕红色沉淀。

②水分。按GB/T 6435中规定的方法测定。

③粉碎粒度。按GB/T 5917中规定的方法测定。

④总砷的测定。按GB/T 13079中规定的方法测定。

⑤铅的测定。按GB/T 13080中规定的方法测定。

⑥铁含量的测定。

a）方法提要。样品溶液中的二价铁与邻菲罗啉作用生成红色螯合离子，根据颜色的深浅可以定量的比色测定出铁的含量。

b）分析步骤。称取约0.8克试样（精确至0.000 1克），置于100毫升容量瓶中，加入5毫升盐酸溶解并定容，摇匀。准确吸取5毫升，用水定容至100毫升，摇匀备用。精密移取铁标准工作液（10微克／毫升）0.0毫升、2.0毫升、4.0毫升、6.0毫升、8.0毫升、10.0毫升（相当于0微克、20微克、40微克、60微克、80微克、100微克铁），置于25毫升比色管中，加乙酸乙酸钠缓冲液5毫升混匀，加邻菲罗啉溶液（0.1%）2毫升，用水稀释至25毫升，混匀，放置15分钟，用试剂空白作为参比溶液，1厘米比色皿测定510纳米波长处的吸光度，绘制标准曲线。同时精密吸取1毫升试样溶液于25毫升比色管中，按标准曲线的绘制步骤操作，求得铁含量X_1。

c）分析结果的表述。样品中铁含量X_1可按公式（11-1）计算：

$$\frac{X_1 \times 100 \times 100 \times 10^{-6}}{m \times 5} \times 100 = \frac{X_1}{m \times 5} \qquad (11\text{-}1)$$

式中，X_1为由标准曲线查得的试样中铁的含量（微克）；m为样品的质量（克）。

每个试样取两份试料进行平行测定，以其算术平均值为测定结果，计算结果保留两位小数。同一分析者对同一试样同时或快速连续地进行两次测定，所得结果之间的绝对偏差≤0.3%。

⑦蛋氨酸含量的测定。

a）方法提要。在中性介质中准确加入过量的碘溶液，将两个碘原子加到蛋氨酸的硫原子上，过量的碘用硫代硫酸钠标准滴定溶液回滴，从而求出试样中蛋氨酸含量。

b）分析步骤。称取约1.5克样品（精确至0.000 1克），置于100毫升烧杯中，加50毫升水，3毫升盐酸溶液（6摩尔／升），加热溶解，用氢氧化钠溶液（20%）调节pH大于等于13，煮沸3分钟，冷却后移入250毫升容量瓶中，稀释至刻度，取上层清液过滤，准确移取50毫升滤液于碘量瓶中，加50毫升水，用硫酸溶液（20%）调节pH为7，加入10毫升磷酸二氢钾溶液（100克／升），10毫升磷酸氢二钾溶液（100克／升），2克碘化钾，摇匀，准确加入50毫升碘溶液（约0.1摩尔／升），摇匀，于暗处放置30

分钟，用硫代硫酸钠标准滴定溶液滴定至近终点时，加入3毫升淀粉指示液，继续滴定至溶液蓝色消失，同时做空白试验。

c）分析结果的表述。样品中蛋氨酸含量X_2以质量分数（%）表示，可按公式（11-2）计算：

$$X_2 = \frac{(V_1 - V_2) \times c_2 \times 0.074\,6 \times 5}{m_1} \times 100 \tag{11-2}$$

式中，V_1为滴定空白消耗的硫代硫酸钠标准溶液的体积（毫升）；V_2为滴定样品消耗的硫代硫酸钠标准溶液的体积（毫升）；c_1为硫代硫酸钠标准溶液的实际浓度（摩尔/升）；m_1为样品的质量（克）；0.074 6为与1.00毫升硫代硫酸钠标准滴定溶液[c（$Na_2S_2O_3$）=1.000摩尔/升]相当的，以克表示的蛋氨酸的质量。

计算结果保留两位小数。

取两次平行测定结果的算术平均值为测定结果。两次平行测定结果之差不得大于1%。

（3）检验规则。

①采样方法。按 GB/T 14699.1的规定执行。

②出厂检验。

a）批。以同班、同原料、同配方的产品为一批，每批产品进行出厂检验。

b）出厂检验项目。感官性状、水分、粒度、蛋氨酸含量、铁（Ⅱ）含量。

c）判定方法。以本标准的有关试验方法和要求为依据，对抽取样品按出厂检验项目进行检验。检验结果如有一项指标不符合本标准要求时，应重新自两倍的包装单元中取样进行复检，复检结果如仍有任何一项不符合本标准要求，则判定该批产品为不合格产品，不能出厂。

③型式检验。

a）有下列情况之一时，应进行型式检验。一是改变配方或生产工艺；二是正常生产每半年或停产半年后恢复生产；三是国家技术监督部门提出要求时。

b）型式检验项目。包括感官性状、鉴别、粉碎粒度及技术指标（蛋氨酸、铁、水分、铅和总砷）。

c）判定方法。以本标准的有关试验方法和要求为依据，对抽取样品按型式检验项目进行检验。检验结果如有一项指标不符合本标准要求时，应重新自两倍的包装单元中取样进行复检，复检结果如仍有任何一项不符合本标准要求，则判型式检验不合格。

（4）标签、包装、运输、储存。

①饲料级蛋氨酸铁包装袋上应有牢固清晰的标识，应符合GB 10648的规定。

②饲料级蛋氨酸铁的内包装采用食品级聚乙烯薄膜，外包装采用纸箱、纸桶或聚丙烯塑料桶包装。

③饲料级蛋氨酸铁在运输过程中，不得与有毒、有害、有污染和有放射性的物质混放混载，防止日晒雨淋。

④饲料级蛋氨酸铁应储存在清洁、干燥、阴凉、通风、无污染的仓库中。

在符合上述运输、储存条件下，本产品自生产之日起保质期为24个月。

3. 检验化验室条件要求　饲料级蛋氨酸铁络（螯）合物企业应当在厂区内设置独立检验化验室，并与生产车间和仓储区域分离。检验饲料添加剂蛋氨酸铁络（螯）合物的关键仪器见图8-4。

检验化验室应当符合以下条件：

（1）配备满足开展企业生产产品执行标准中所规定的出厂检验项目检验所需的常规检验和原子吸收分光光度计等仪器。

（2）检验化验室应当包括天平室、理化分析室、仪器室和留样观察室等功能室，使用面积应当满足仪器、设备设施布局和开展检验化验工作需要：

①天平室有满足分析天平放置要求的天平台。

②理化分析室有能够满足蛋氨酸铁络（螯）合物样品理化分析和检验要求的通风柜、实验台、器皿柜、试剂柜等设备。如有同时开展高温或明火操作和易燃试剂操作的试验，还应分别设立独立的操作区和通风柜。

③仪器室满足检验所需精密仪器的使用要求；气瓶放置应符合防爆防倾倒要求。

④留样观察室有满足产品和原料储存要求的样品柜。

4. 质量控制与检验化验人员 饲料级蛋氨酸铁络（螯）合物质量机构负责人应当具备化工技术类、制药技术类、畜牧兽医类、水产养殖类、食品药品管理类等相关专业之一的大专以上学历或中级以上技术职称，熟悉饲料法规、原料与产品质量控制、原料与产品检验、产品质量管理等专业知识，并通过现场考核。

企业应当配备2名以上专职检验化验员。检验化验员应当取得农业部职业技能鉴定机构颁发的饲料检验化验员职业资格证书或与生产蛋氨酸铁络（螯）合物产品相关的省级以上技术监督、医药、化工或食品行业管理部门核发的检验类职业资格证书，并通过现场操作技能考核。

（五）原料及产品仓储要求

1. 饲料添加剂蛋氨酸铁络（螯）合物生产所需原料仓储要求 生产蛋氨酸铁所需仓储设施应当满足原料（蛋氨酸和硫酸亚铁等可溶性铁源）、辅料（氢氧化钠等）、包装材料、备品备件储存要求。另外，仓储设施还应具有防霉、防潮、防鼠等功能。同时，按照危险化学品、易燃易爆品管理的原料的储存须符合相关行业管理规定。

2. 饲料添加剂蛋氨酸铁络（螯）合物产品仓储要求 饲料级蛋氨酸铁络（螯）合物应储存满足产品储存要求的通风、干燥且具有防霉、防潮、防鼠等功能的指定成品库中。

（六）产品应用及发展趋势

蛋氨酸铁络（螯）合物作为一种高效、环保型饲料添加剂，已被广泛应用于各种畜禽生产中。但目前国内外对蛋氨酸铁络（螯）合物的应用效果报道不一，这可能是受到日粮类型、研究对象、研究方法、评价指标等因素的影响。关于蛋氨酸铁络（螯）合物的产品质量、螯合强度检验等方法和标准也有待进一步完善。此外，生产成本也是制约其在生产中推广使用的关键因素之一，价格因素极大地限制了其推广使用，目前蛋氨酸铁络（螯）合物多在幼畜禽和种畜禽饲料中添加。应该进一步开发蛋白质资源，充分利用廉价的蛋白质原料获取廉价氨基酸，并不断改进生产工艺，选择合适的工艺路线，从而大幅度降低生产成本，生产出符合畜禽生产市场特点的蛋氨酸铁络（螯）合物产品。

十二、甘氨酸铁络合物

甘氨酸铁络合物

（一）概述

1. **国内生产现状**　铁是畜禽等养殖动物生产过程中必需的微量元素，它具有许多重要的生理功能和营养作用。甘氨酸铁络合物是养殖动物饲料所需要的重要微量元素类添加剂。2015年，饲料添加剂甘氨酸铁络合物的产量约为 7 000 吨。至 2016 年，全国获得饲料添加剂甘氨酸铁络合物生产许可证书的生产企业共计有35家，主要分布在广东、四川、山东、湖北、黑龙江、广西、浙江、江苏、陕西、山西、重庆、天津、安徽、江西、湖南，共计15个省（自治区、直辖市）（图12-1）。其中，

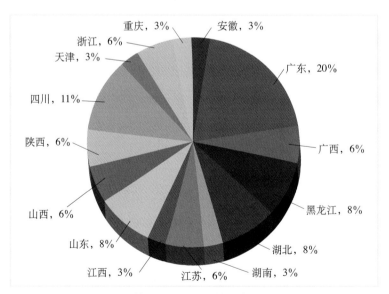

图12-1　国内饲料添加剂甘氨酸铁络合物生产企业分布图

广东有 7 家，占总数的 20％，为国内生产饲料添加剂甘氨酸铁络合物的主要省份。

国内饲料添加剂甘氨酸铁络合物的生产主要以甘氨酸和可溶性无机铁盐为原料，用水体系合成法使甘氨酸和无机亚铁盐在一定的温度、pH和反应时间条件下发生反应，经过结晶、分离纯化、干燥获得饲料级甘氨酸铁络合物。

2. 产品功效　甘氨酸铁络合物主要为养殖动物提供所需铁元素，铁是动物机体必需的微量元素之一，是血红蛋白、肌红蛋白、细胞色素和多种氧化酶的成分，在动物体内发挥着以下生理生化功能：一是载体和酶的组分；二是参与体内的物质和能量代谢；三是生理防卫与免疫机能。

若动物体内铁的数量不足，将会不同程度地影响机体正常代谢，导致缺铁症的发生。甘氨酸铁分子量小，可以提高血液中血红蛋白的含量，其在胃酸中的稳定性较无机铁要好。甘氨酸铁络合物主要有以下几个特点，促进铁元素消化吸收，提高生物学利用率；防治疾病，提高动物的免疫能力；减少对维生素的破坏作用，延长饲料保质期；提供铁元素和氨基酸的双重营养作用。因此，甘氨酸铁络合物对于促进畜禽生长发育，提高其生产性能有着十分重要的意义。

（二）产品定义及物化特性

1. 定义　饲料添加剂甘氨酸铁络合物是指由甘氨酸与硫酸亚铁等可溶性亚铁盐在一定的温度、pH和反应时间条件下，通过化学反应而生成的甘氨酸与亚铁的络合物符合《饲料添加剂品种目录》和饲料添加剂相关标准要求的化合物。

2. 物化特性　甘氨酸铁络合物为淡黄色至棕黄色晶体或结晶性粉末，英文名为 Ferric Glycine Complex，分子式为 $C_4H_{30}N_2O_{22}S_2Fe_2$，相对分子质量为 634.10，易溶于水。

（三）生产工艺

1. 生产原理　甘氨酸和硫酸亚铁等可溶性亚铁盐在一定的温度、反应时间和pH条件下，甘氨酸与亚铁离子按一定摩尔比以共价键结合而生成络合物，主要化学反应为：

摩尔比2：1络合物：$FeSO_4 + 2C_2H_5NO_2 = Fe(C_2H_5NO_2)_2SO_4 \cdot 4H_2O$

合成液浓缩冷却结晶：$[Fe(C_2H_5NO_2)_2(H_2O)_4]^{2+} + [Fe(H_2O)_6]^{2+} + 2SO_4^{2-}$
$= [Fe(C_2H_5NO_2)_2(H_2O)_4]SO_4 \cdot [FeSO_4 \cdot (H_2O)_6] \downarrow$

2. 工艺流程　主要工艺流程应包括计量、反应、结晶、分离纯化、干燥、粉碎和（或）筛分和包装等主要工序。图12-2为生产饲料添加剂甘氨酸铁络合物的工艺流程示意图。

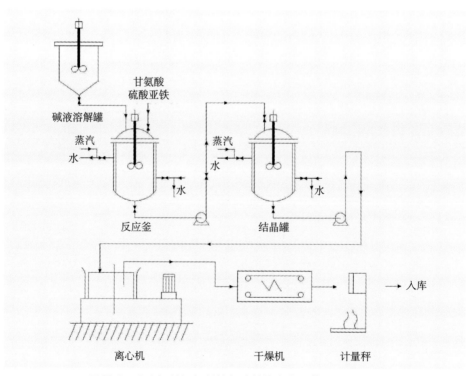

图12-2　生产饲料添加剂甘氨酸铁络合物工艺流程示意图

如图12-2所示，首先将原料（甘氨酸、硫酸亚铁等铁源）按需要计量后在一定反应条件下进行反应生成甘氨酸铁络合物，在反应结束后将生成物泵入结晶罐中进行冷却结晶；然后再进行离心分离、干燥、粉碎和（或）筛分；最后产品抽样检验合格后称重打包，运送至成品库中储存。

3. 生产过程主要关键控制点　依据企业采用的制备饲料添加剂甘氨酸铁络合物的生产工艺流程，其生产过程主要关键控制点：计量工段为原料投料比及精度；反应工段为反应温度、pH和时间；结晶工段为结晶温度；分离纯化工段为分离纯化方式及杂质的含量；干燥工段为干燥方式和温度；粉碎和（或）筛分工段为粉碎粒度；包装工段为产品净含量。

4. 所需主要生产设备　制备甘氨酸络合铁所需主要生产设备为计量器、反应器、结晶器、分离纯化设备、干燥设备、粉碎和（或）筛分设备、计量设备、包装设备和脉冲式除尘设备或性能更好的除尘设备。干燥设备应具备控制温度和隔离火源的功能。表12-1为生产饲料添加剂甘氨酸铁络合物所需主要具体设备实例。图12-3为生产饲料添加剂甘氨酸铁络合物的关键设备。

表12-1　饲料添加剂甘氨酸铁络合物所需主要具体设备实例

生产工段	设备名称	常见类型	主要技术指标	控制参数	作　用
计量工段	计量泵	塑料合金	流量、耐酸碱	扬程、流量	计量
	电子配料秤	机电结合式	最大称量300千克，最大称量允许差20克	精度	计量
反应工段	反应釜	外夹套	工作压力0.2～0.4兆帕	搅拌速率、工作温度和压力	制备产物
冷却结晶工段	结晶罐	外夹套	工作压力0.2～0.4兆帕	搅拌速率、工作温度	制备产物
分离工段	三足离心机	不锈钢	转速≤3 500转/分，转鼓直径≤2 000毫米，转鼓容量≤1 800升	转速、容量	晶体和母液分离
干燥工段	干燥机	微波干燥	微波功率30千瓦，微波频率2 450兆赫±50赫兹	输入功率、微波频率	产品干燥
	干燥机	喷雾干燥	进口温度150～350℃，出口温度60～120℃	进口温度、出口温度	产品干燥

（续）

生产工段	设备名称	常见类型	主要技术指标	控制参数	作　用
包装工段	打包机	计量包装	输入带线速度8米/分，称量范围10～60千克	带线速度、重量	产品包装
后处理净化工段	反应生成废液或废渣处理回收装置				废弃物处理与回收
	反应生成废气处理回收装置				废弃物处理与回收

图12-3　生产饲料添加剂甘氨酸铁络合物的反应釜

（四）原料与产品质量检验和控制

1. 饲料添加剂甘氨酸铁络合物生产所需原料品质的评价　饲料级甘氨酸铁络合物的原料主要包括甘氨酸和硫酸亚铁等铁源，生产企业应按照《饲料质量安全管理规范》的要求制定质量管理制度，检测原料中主成分、杂质，尤其是砷、铅等重金属，签有规范的原料采购合同，建立完善的原料采购和检验记录。在检验指标的基础上调整甘氨酸铁络合物的生产工艺，确保产品质量。

2. 饲料添加剂甘氨酸铁络合物产品质量标准　饲料级甘氨酸铁络合

物产品标准目前是中华人民共和国国家标准《饲料添加剂　甘氨酸铁络合物》(GB/T　21996—2008)。厂家可根据自己的生产情况，制定或补充其他类型甘氨酸铁产品的质量标准。

(1) 要求。

①感官性质。甘氨酸铁为淡黄色至棕黄色晶体或结晶性粉末，易溶于水。

②鉴别。甲醇提取物与相应试剂反应符合要求。

③粉碎粒度。过0.25毫米孔径分析筛，筛上物不得大于2%。

④技术指标。技术指标应符合表12-2要求。

表12-2　技术指标

项　　目	指标（%）
甘氨酸铁络合物（$C_4H_{30}N_2O_{22}S_2Fe_2$）	≥90.0
铁（以Fe^{2+}）	≥17.0
三价铁（以Fe^{3+}计）	≤0.50
总甘氨酸	≥21.0
游离甘氨酸	≤1.50
干燥失重	≤10.0
铅含量	≤0.002
总砷	≤0.000 5
粒度（孔径0.84毫米试验筛通过率）	≥95.0

(2) 试验方法。

①水溶解性。在 (20±5) ℃下将试样加入10毫升水中，每隔5分钟搅拌一次，每次30秒，共搅6次，直至完全溶解为棕黄色液体（棕黄色为试样中少量三价铁水解所致）。

②干燥失重。洁净称样皿，在 (80±2) ℃烘箱中烘1小时，取出。在干燥器中冷却30分钟，称重准确至0.000 2克，重复烘干30分钟，冷却、称重直至两次质量之差小于0.000 5克为恒重。

用已恒重称样皿称取2份平行试样，每份2克，准确至0.000 2克，称样皿盖敞开在 (80±2) ℃烘箱中烘2～4小时（以温度达到80℃开始计时），取出后在干燥器中冷却30分钟，称重。

重复烘干1小时，冷却、称重，直至两次称重的质量差小于0.002克。

干燥失重X_1以质量分数（%）表示，按公式（12-1）计算：

$$X_1 = \frac{m_2 - m_3}{m_2 - m_1} \times 100 \qquad (12\text{-}1)$$

式中，m_1为已恒重的称样皿的质量（克）；m_2为80℃烘干前试样及称样皿的质量（克）；m_3为80℃烘干后试样及称样皿的质量（克）。

③总砷的测定。按GB/T 13079中规定的方法测定。

④铅的测定。按GB/T 13080中规定的方法测定。

⑤粒度检验。

粒度X_2按公式（12-2）计算：

$$X_2 = 1 - X_3 \qquad (12\text{-}2)$$

式中，X_2为孔径0.84毫米试验筛通过率（%）；X_3为孔径0.84毫米试验筛留存率（按GB/T 5917的规定执行）（%）。

⑥二价铁（Fe^{2+}）含量的测定。

a）方法提要。试样用酸溶解后，其中的二价铁（Fe^{2+}）用硫酸铈标准溶液滴定，二价铁被氧化成三价铁（Fe^{3+}），四价铈（Ce^{4+}）被还原成三价铈（Ce^{3+}），用二苯胺磺酸钠做指示剂，由消耗硫酸铈标准滴定溶液的体积计算出二价铁的含量。

b）分析步骤。称取试样2克（精确至0.000 1克），置于100毫升烧杯中，加入5%硫酸溶液60毫升，再加入10%磷酸溶液20毫升，搅拌均匀，然后注入100毫升的棕色容量瓶中，用蒸馏水将烧杯冲洗并入容量瓶中，再用蒸馏水定容至刻度，摇匀，用移液管吸取25.00毫升试样溶液于锥形瓶中，加25毫升蒸馏水及4滴二苯胺磺酸钠指示液（5克／升），用硫酸铈标准滴定溶液（约0.1摩尔／升）滴定至溶液由绿色变为紫红色为终点。

记下消耗的硫酸铈的体积（V）。

c）分析结果的表述。亚铁含量X_4以质量分数（%）表示，可按公式 (12-3) 计算：

$$X_4 = \frac{c \times V \times 0.055\,85}{m_4 \times \dfrac{25.00}{100}} \times 100 \tag{12-3}$$

式中，c为硫酸铈标准溶液的实际浓度（摩尔/升）；V为试样溶液消耗硫酸铈溶液的体积（毫升）；m_4为试样的质量（克）；0.055 85为与1.00毫升硫酸铈标准溶液 $\{c[Ce(SO_4)_2]=1.000$摩尔/升$\}$ 相当的铁的质量（克）。

每个试样取两个平行进行测定，以其算术平均值为结果，允许相对偏差不大于2%。

⑦三价铁（Fe^{3+}）含量的测定。

a）方法提要。在酸性溶液中加入碘化钾，利用碘（I^-）的还原作用，2摩尔碘（I^-）可以等量将2摩尔三价铁还原为2摩尔二价铁，同时析出1摩尔碘，然后用硫代硫酸钠标准滴定溶液滴定析出的碘，从而间接地测定出试样中三价铁（Fe^{3+}）的含量。

b）分析步骤。称取试样0.5克（精确至0.000 2克），置于250毫升碘量瓶中，加50毫升水溶解，加2毫升20%硫酸溶液、1克碘化钾，摇匀后，于暗处放置30分钟，用硫代硫酸钠标准滴定溶液（0.01摩尔/升）滴定至淡黄色，加2毫升淀粉溶液（10克/升），继续滴定至蓝色刚刚消失即为终点。平行测定两次。

c）分析结果的表述。三价（Fe^{3+}）铁含量X_5以质量分数（%）表示，可按公式（12-4）计算：

$$X_5 = \frac{c_1 \times V_1 \times 0.055\,85}{m_5} \times 100 \tag{12-4}$$

式中，c_1为硫代硫酸钠标准溶液的实际浓度（摩尔/升）；V_1为硫代硫酸钠标准溶液所消耗的体积（毫升）；m_5 为试样的质量（克）；0.055 85 为与 1.00 毫升硫代硫酸钠标准溶液 [$c(Na_2S_2O_3)$ =1.000 摩尔／升] 相当的铁的质量（克）。

每个试样取两个平行进行测定，以其算术平均值为结果，允许相对偏差不大于 10%。

⑧总甘氨酸（氨基乙酸）的测定。按 GB/T 6432 规定测定试样中氮（D）的质量分数。

总甘氨酸含量 X_6 以质量分数（%）表示，可按公式（12-5）计算：

$$X_6 = 5.358\ 3D \qquad (12\text{-}5)$$

式中，D 为试样中氮的质量分数（%）；5.358 3 为甘氨酸相对分子质量与氮的相对分子质量比值。

计算结果保留两位小数。

每个试样取两个平行样进行测定，以其算术平均值为测定结果，允许相对偏差不大于 2%。

⑨游离甘氨酸（氨基乙酸）的测定。

a）方法提要。以冰乙酸为溶剂，结晶紫为指示剂（5 克／升），高氯酸标准溶液（0.01 摩尔／升）为滴定剂，反应生成氨基乙酸的高氯酸盐。

b）分析步骤。称取试样约 0.1 克（精确至 0.000 2 克），置于 250 毫升干燥的锥形瓶中，加入 30 毫升冰乙酸溶解，加入 2 滴结晶紫指示剂，用高氯酸标准滴定溶液滴定至溶液由紫色变为蓝绿色为终点，同时做空白试验。

c）分析结果的表述。游离甘氨酸含量 X_7 以质量分数（%）表示，可按公式（12-6）计算：

$$X_7 = \frac{c_2 \times (V_2 - V_0) \times 0.075\ 07}{m_6} \times 100 \qquad (12\text{-}6)$$

式中，c_2 为高氯酸标准溶液的实际浓度（摩尔／升）；V_2 为试样消耗高氯酸标准滴定溶液的体积（毫升）；V_0 为空白试验消耗高氯酸标准滴定溶液的体积（毫升）；m_6 为试样的质量（克）；0.075 07 为与 1.00 毫升高氯酸标准滴定溶液 $[c(HClO_4) = 1.000$ 摩尔／升$]$ 相当的氨基乙酸的质量（克）。

计算结果保留两位小数。

每个试样取两个平行进行测定，以其算术平均值为结果，允许相对偏差不大于10%。

⑩甘氨酸铁络合物含量的测定。

a）方法提要。根据络合甘氨酸含量以及其在甘氨酸铁络合物分子式结构中所占的比例可以折算出甘氨酸铁络合物的含量。络合甘氨酸含量由上述总甘氨酸和游离甘氨酸之差求得。

b）分析结果的表述。甘氨酸铁络合物含量 X_8 以质量分数（%）表示，可按公式（12-7）计算：

$$X_8 = 4.227\ 3\ (X_6 - X_7) \qquad (12\text{-}7)$$

式中，4.227 3 为甘氨酸络合物的摩尔质量（1/2甘氨酸铁）与氨基乙酸的摩尔质量（氨基乙酸）的比值。

计算结果保留两位小数。

每个试样取两个平行进行测定，以其算术平均值为结果，允许相对偏差不大于10%。

（3）检验规则。

①组批。在规定限度内具有同一性质和质量，并在同一连续生产周期中生产出来的一定数量的产品为一批。

②采样方法。按 GB/T 14699.1进行。

③出厂检验。饲料级甘氨酸铁络合物按本标准的规定对产品性状及表12-1中所有技术指标 [甘氨酸铁络合物、二价铁（以 Fe^{2+} 计）、三价铁（以 Fe^{3+} 计）、总甘氨酸、游离甘氨酸、干燥失重、铅含量、总砷、粒度等] 进

行检验。

④型式检验。检验项目为GB/T 21996要求的全部项目及GB/T 13078规定的项目。有下列情况之一时应进行型式检验：一是新产品投产时；二是正常生产，每半年进行一次；三是停产或转产半年又继续生产时；四是更换主要设备、原料或生产工艺时；五是质量监督部门提出质量检验要求时。

⑤判定方法。以本标准的有关试验方法和要求为依据，对抽取样品按出厂检验项目进行检验。检验结果如有一项指标不符合本标准要求时，应重新自两倍的包装单元中取样进行复检，复检结果如仍有任何一项不符合本标准要求，则判定该批产品为不合格产品，不能出厂。

（4）标签、包装、运输、储存。

①饲料级甘氨酸铁包装标识应有厂址、厂名、净含量、产品名称、生产许可证号、批准文号、商标、防潮标识、防晒标识等，并符合GB/T 191的规定。标签应符合GB 10648的规定。

②饲料级甘氨酸铁的包装应符合运输和储存的要求，包装完整，标签等资料齐全。

③饲料级甘氨酸铁在运输过程中应有遮盖物，防止日晒、雨淋、受潮，不得与有毒有害物品混运，防止污染。

④饲料级甘氨酸铁应储存在通风、干燥、避光、阴凉处，地面有防潮设施，堆放时应离墙40厘米。不得与有毒有害物品混储，防止污染。

在本标准规定的条件下，自生产之日起本产品保质期为24个月。

3. **检验化验室条件要求**　饲料级甘氨酸铁络合物企业应当在厂区内设置独立检验化验室，并与生产车间和仓储区域分离。检验饲料添加剂甘氨酸铁络合物的关键仪器见图8-4。

检验化验室应当符合以下条件：

（1）配备满足开展企业生产产品执行标准中所规定的出厂检验项目检验所需的常规检验及原子吸收分光光度计等仪器。

（2）检验化验室应当包括天平室、理化分析室、仪器室和留样观察室等功能室，使用面积应当满足仪器、设备设施布局和开展检验化验工作需要：

①天平室有满足分析天平放置要求的天平台。

②理化分析室有能够满足甘氨酸铁络合物样品理化分析和检验要求的通风柜、实验台、器皿柜、试剂柜等设备。如有同时开展高温或明火操作和易燃试剂操作的试验，还应分别设立独立的操作区和通风柜。

③仪器室满足检验所需精密仪器的使用要求；气瓶放置应符合防爆防倾倒要求。

④留样观察室有满足产品和原料储存要求的样品柜。

4. 质量控制与检验化验人员　饲料级甘氨酸铁络合物质量机构负责人应当具备化工技术类、制药技术类、畜牧兽医类、水产养殖类、食品药品管理类等相关专业之一的大专以上学历或中级以上技术职称，熟悉饲料法规、原料与产品质量控制、原料与产品检验、产品质量管理等专业知识，并通过现场考核。

企业应当配备2名以上专职检验化验员。检验化验员应当取得农业部职业技能鉴定机构颁发的饲料检验化验员职业资格证书或与生产甘氨酸铁络合物产品相关的省级以上技术监督、医药、化工或食品行业管理部门核发的检验类职业资格证书，并通过现场操作技能考核。

（五）原料及产品仓储要求

1. 饲料添加剂甘氨酸铁络合物生产所需原料仓储要求　生产甘氨酸铁络合物所需仓储设施应当满足原料（甘氨酸和硫酸亚铁等铁源）、辅料（氢氧化钠等）、包装材料、备品备件储存要求。另外，仓储设施还应具有防霉、防潮、防鼠等功能。同时，按照危险化学品、易燃易爆品管理的原料的储存须符合相关行业管理规定。

2. 饲料添加剂甘氨酸铁络合物产品仓储要求　饲料级甘氨酸铁络合物应储存于满足产品储存要求的通风、干燥且具有防霉、防潮、防鼠等功能的指定成品库中。

（六）产品应用及发展趋势

　　甘氨酸铁络合物作为一种高效、环保型饲料添加剂，已被广泛应用于各种畜禽生产中，也是目前饲料企业使用最多的有机微量元素之一。研究表明，甘氨酸铁络合物能解决畜禽缺铁引发的临床症状，目前被认定为最佳的补铁产品之一。但甘氨酸铁络合物的应用效果也可受到日粮类型、研究对象、研究方法、评价指标等因素的影响。关于甘氨酸铁络合物的产品质量、络合强度检验等方法和标准也有待进一步完善。此外，生产成本也是制约其在生产中推广使用的关键因素之一，价格因素极大地限制了其推广使用。应该进一步开发蛋白质资源，充分利用廉价的蛋白质原料获取廉价氨基酸，并不断改进生产工艺，选择合适的工艺路线，从而大幅度降低生产成本，生产出符合畜禽生产市场特点的甘氨酸铁产品。

主要参考文献

《常见矿物元素饲料添加剂生产工艺与质量控制技术》

毕晋明，张敏红，2008. 吡啶甲酸铬安全性研究进展 [J]. 中国畜牧兽医，35(2)：13-16.

曾衡秀，俞火明，1995.蛋氨酸锰对长沙黄肉鸡增重及消化率的影响 [J]. 中国畜牧杂志，31: 29-30.

陈翠莲，张英东，黄承德，等，2011. 常见有机铬的差异性比较 [J].广东饲料，20(3)：22-25.

陈军，1996,断奶仔猪饲粮添加高锌饲养试验 [J].养猪杂志(2): 16.

陈自江，1989.由粗硒生产亚硒酸钠 [J].有色冶炼(5): 42-46.

初文毅，孙志忠，田永梅，2004.连续法合成2-吡啶甲酸铬的工艺研究 [J]. 化学工程师（1）：1-3.

韩鲁强,2008.硫酸锌在动物生产上的应用 [N].山西师范大学学报(自然科学版)，22(S1): 56-58.

郝贵增，靳玉芬，田萍，等，2009. 蛋氨酸铜对仔猪的生长性能及血清生化指标的影响 [N]. 中国畜牧兽医学报，29: 346-349.

何学谦,2007.浓缩饲料中硫酸铜的添加对猪适口性的影响 [J]. 畜禽业,9: 28-29.

黄达军，2014.饲料级硫酸铜的检测与生产 [J].畜禽业 (11): 48-50.

贾淑庚，檀晓萌，郝二英，等，2015.微量元素铁在家禽生产中的应用研究 [J].饲料添加剂, 10: 38-41.

康世良，1991.钙过量对动物营养和健康的危害 [J].饲料博览(3): 35-36.

李春华，王艳立，2010. 蛋氨酸螯合锰对肉仔鸡免疫性能的影响 [J]. 饲料广角，3: 29-30.

李克昌，曹学静，张恒彬，等，2007.重铬酸钾氧化法合成2-吡啶甲酸的研究 [N]. 分子科学学报,23(2):82-86.

李致宝，韦少平，夏中生，等，2011.吡啶甲酸铬的研究概述及其应用进展 [J]. 化工技术与开发,40(7):11-14.

卢昊，王春维，2009.氨基酸锌的合成工艺与应用研究 [J].饲料研究,6: 42-44.

吕林，计成，罗绪刚，等，2007. 不同锰源对肉鸡胴体性能和肌肉品质的影响 [J]. 中国农业科学，40: 1504-1514.

牧之,1993.含锌日粮喂奶牛和肉牛可预防腐蹄病[J].草业与畜牧(2): 25.

沈祖达,1998.饲料级硫酸铜生产工艺探讨[J].中国化工信息(12): 11.

田艳青,李文怀,2005.铬酐氧化连续生产吡啶甲酸铬新工艺[J].化学工程师,19(9):53-54.

王聪,董宽虎,刘强,等,2008.蛋氨酸铜对西门塔尔牛日粮养分消化代谢及血液指标的影响[N].中国生态农业学报,16:1523-1527.

王建梅,2014.甘氨酸铁在动物生产中的应用研究[J].饲料添加剂,14: 44-48.

王金伟,姜亚,张兴,等,2013.氨基酸微量元素螯合物在畜禽营养中的应用[J].饲料博览,35-37.

王振铎,2000.L-乳酸钙的生产工艺[J].食品工程(1): 26-27.

杨红英,2006.普通日粮添加不同锌源对断奶仔猪生长性能及部分免疫指标的影响的研究[D].南京:南京农业大学.

张镇福,1998.高锌在断奶仔猪日粮中的应用试验[J].饲料博览(10): 4-6.

周桂莲,1998.氨基酸螯合铁的研究与应用进展[J].饲料博览(6): 10-12.

Luo X G, Dove C R, 1996.Effect of dietary copper and fat on nutrient utilization, digestive enzyme activities, and tissue mineral levels in weanling pigs[J].Journal of Animal Science, 74(8): 1888-1896.

Saltman P, 1965.The role of chelation in iron metabolism[J]. Journal of Chemical Education, 42(42): 682-687.

图书在版编目（CIP）数据

常见矿物元素饲料添加剂生产工艺与质量控制技术/
中国饲料工业协会编．—北京：中国农业出版社，
2017.8
　　ISBN 978-7-109-23079-8

　　Ⅰ．①常… Ⅱ．①中… Ⅲ．①矿物质饲料-饲料添加
剂-生产工艺-质量控制 Ⅳ．①S816.71

　　中国版本图书馆CIP数据核字（2017）第144405号

中国农业出版社出版
（北京市朝阳区麦子店街18号楼）
（邮政编码 100125）
责任编辑　刘　伟　杨晓改

北京中科印刷有限公司印刷　　新华书店北京发行所发行
2017年8月第1版　　2017年8月北京第1次印刷

开本：720mm×1000mm　1/16　　印张：10.75
字数：150千字
定价：98.00元
（凡本版图书出现印刷、装订错误，请向出版社发行部调换）